北京交通大学哲学社会科学研究基地系列丛书

京津冀生态承载力研究

RESEARCH ON ECOLOGICAL CARRYING CAPACITY IN BEIJING-TIANJIN-HEBEI

林 巍 李孟刚◎著

社会科学文献出版社
SOCIAL SCIENCES ACADEMIC PRESS (CHINA)

摘　要

一个区域的社会经济发展伴随着污染物的排放、资源的消耗以及生态系统服务功能的下降，从生态承载力研究的角度来看，自然生态系统对于自然资源的消耗和污染物的排放容纳是存在一定限度的，也就是说，生态承载力存在承受阈值。本书的目的是明确当下京津冀生态环境的赤字和盈余状况，有针对性地提出改善措施和建议。为了达到研究目的，本书采用生态足迹法揭示京津冀地区已经利用了多少自然资源，利用生态承载力综合指数法反映自然所能提供的产品和服务能力，最终通过两者之间的差值反映生态赤字或生态盈余，以此评价研究京津冀生态环境的状态和趋势，该方法的优势在于能够从两个角度相对地研究实际资源环境承载力。最终研究结论认为北京市人均生态承载力相比于人均生态足迹始终处于较低水平。自然资源供给有限导致长期的生态赤字现象。北京市生态赤字程度正在逐年降低，说明北京市近年来的社会经济发展与自然资源之间的矛盾正在逐渐得到缓解；天津市人均生态承载力相比于人均生态足迹始终处于较低水平，自然资源供给有限，导致长期的生态赤字现象；河北省对自然资源的消耗仍主要体现在对以煤炭、石油为主的能源消耗和以农产品生产为主的生物资源消耗上，发展模式仍然呈现出与2010年相同的通过消耗自然资源的现存量弥补生态承载力不足的特征。尽管河北省对自然资源的消耗整体特征没有出现明显变化，但其内部结构则出现了一定程度的转变。此外，京津冀城市圈大气状况在近几年的空气质量整治下有很大的改善，空气质量有望在现有基础上提高；在水资源方面，通过分析，我们发现京津冀地区的水生态足迹普遍处于赤字状态，其中北京地区最严重，天津、河北次之。

ABSTRACT

An area must be accompanied by the development of resource consumption and pollutant emissions, from the perspective of carrying capacity research, there is a threshold of environmental bearing capacity. The purpose of this book is to clarify the current situation of deficit and surplus in the ecological environment of Beijing-Tianjin-Hebei, and to propose measures and suggestions for improvement. In order to achieve research, ecological footprint method is used to reveal that how much of the natural resources has been used in beijing-tianjin-hebei region and ecological carrying capacity comprehensive index method is used to reflect the natural products and services provided by the ability, ultimately through the difference between the two reactions ecological deficit or surplus, to evaluate the status and trend of the ecological environment of the Beijing-Tianjin-Hebei region, the advantage of the method can be from two angles to relative actual resource environmental bearing capacity. The conclusion of the final study is that the average ecological carrying capacity of Beijing is always lower than that of other regions. the limited supply of natural resources lead to the long-term ecological deficit phenomenon, the ecological deficit is reduced year by year in Beijing, Beijing's social and economic development in recent years and the contradictory relationship between the natural resources is gradually ease; The average ecological carrying capacity of Tianjin is lower than that of other regions. Due to the limited supply of natural resources lead to the phenomenon of long-term ecological deficit; The consumption of natural resources in hebei province mainly depend on coal, oil, energy and agricultural production biological resource consumption, development model still presents the same as in 2010 through the consumption of natural resources of stock to make up for a lack of ecological carrying capacity. Although the overall characteristics of Hebei province's consumption of natural resources have not changed significantly, its internal structure has changed to some extent. In addition, in the urban area of Beijing-Tianjin-Hebei, the air quality has made great progress in recent years under the control of air quality. From the above analysis of water resources, we find that the water ecological footprint in Beijing-Tianjin-Hebei region is generally in deficit, of which Beijing region being the most serious, followed by Tianjin and Hebei.

目　录

第一章　引言

1.1　选题背景及意义

1.1.1　选题背景

自然资源是人类生活来源的重要生产资料，为人类提供不可替代的生活空间，人类自存在以来就与自然资源建立了密不可分的相互依存关系。由于自然资源具有自然与经济社会的双重特性，世界上很多地区都面临着土地资源紧张，环境功能下降，甚至阻碍经济发展的局面。生态承载力研究是近年来资源、人口、生态等许多领域的热点问题，随着我国人口的持续增长以及工业化、城市化的快速推进，自然资源供给的稀缺性与社会需求的增长性之间逐渐呈现出失衡的发展态势。同时，由于自然资源的不合理利用，出现了一系列影响我国社会经济可持续发展的生态环境问题。生态承载力研究可为阐述区域社会经济与自然环境之间的关系提供理论依据和方法支撑，也可为地区及全国重大发展决策的制定与实施提供科学依据。

京津冀三省市地域一体，拥有雄厚的协同发展基础和天然的合作优势。2013 年 8 月，习近平总书记在北戴河主持研究河北发展问题时强调要推动京津冀协同发展；2014 年 2 月，习近平总书记在北京主持召开座谈会，听取了京津冀协同发展工作专题汇报，并指出京津冀协同发展意义重大，对这个问题的认识要上升到国家战略层面，强调要坚持优势互补、互利共赢、扎实推进，加快走出一条科学持续的协同发展路子来，由此京津冀协同发展上升为国家战略，其重要性愈发凸显；2015 年 4 月，《京津冀协同发展规划纲要》出台，京津冀协同发展进入全面实施、加快推进的新阶段；2016 年 2 月，全国第一个跨省市的区域“十三五”规划《“十三五”时期京津冀国民经济和社会发展规划》印发实施，明确了京津冀地区未来五年的发展目标；2017 年 4 月 1 日，中共中央、国务院决定设立河北省雄安新区。至此，在以习近平同志为核心的党中央全面谋划指导下，京津冀协同发展的战略拼图完成；2018 年 11 月，中共中央、国务院明确要求以疏解北京非首都功能为“牛鼻子”推动京津冀协同发展，调整区域经济结构和空间结构，推动河北省雄安新区和北京城市副中心建设，探索超大城市、特大城市等人口经济密集地区有序疏解功能、有效治理“大城市病”的优化开发模式。

京津冀协同发展是区域协调发展总体战略实施的重要组成部分，对于生产力优化布局、区域优势互补、发展质量提升等诸多方面意义重大。京津冀协同发展的战略定位的重要性十分突出，北京市、天津市以及河北省的主要节点城市是我国吸纳人口最多、经济最具活力、开放程度最高、创新能力最强的地区之一，是带动我国经济稳定、持续发展的重要引擎。京津冀地区具有独特的区位和政治特征，京津冀城市群的发展状况在我国主要城市群的发展中一直备受关注，其协同发展效应将对国内外区域协调发展提供重要的示范。京津冀协同发展过程中出现了一系列的困难和问题，如北京市集聚了过多的非首都功能，“大城市病”问题突出，如人口膨胀、交通拥堵、大气污染等问题成为城市可持续发展的重要瓶颈。同时，京津冀地区整体水资源严重短缺，且河北省作为京津地区重要的水资源供给地，在自身水资源非常短缺的情况下，还要输入北京市和天津市，就更加剧了河北地区水资源紧张的情况，也导致地下水超采日益严重，地下水漏斗区面积不断扩大等诸多问题。

京津冀地区是我国东部地区社会经济发展与自然环境关系最为紧张、自然资源超载问题最为突出、生态联防联治要求最为紧迫的区域，产业布局和功能定位、空间规划与配置不够合理，出现了显著的区域发展差距过大的局面，特别是河北省与京津两市发展水平差距较大，因此如何缓解土地供需矛盾，促进区域协调发展成为京津冀协同发展过程中迫切需要解决的问题。

京津冀城市群快速发展背景下的自然环境超负荷运行引发了对区域生态环境承载力的关注，站在区域协调发展的高度展望京津冀发展的未来，迫切需要掌握京津冀城市群生态承载力的基本特征和演变过程，使未来的生态环境承载力在调整社会经济发展方式以及转变人类活动方式的条件下，能够满足京津冀协同发展和世界级城市群打造的国家战略需求，以不断促进京津冀的可持续发展。总之，为了增强京津冀的整体竞争力，实现协同发展，必须客观认识生态承载力水平，明确各地区在生态承载力方面存在的优势和短板，并根据不同阶段的社会经济发展需求制定相应的有利于促进生态承载力不断提高的发展策略。

1.1.2 研究目的及意义

随着社会经济的发展，人口、资源与环境三者之间的矛盾日益突出，生态环境保护与区域可持续发展理念不断深入，生态承载力研究越来越受重视。生态承载力的研究一直是区域可持续发展研究中的热点问题，一个区域在其社会经济发展过程中必然伴随着自然资源的消耗和污染物的排放，生态承载力的研究视角认为，生态系统提供的自然资源是有限的，可容纳的环境污染物也存在特定的阈值，即存在生态承载力阈值，当自然资源消耗速率和环境污染物排放总量超过该阈值时，社会经济的可持续发展便会面临各种阻碍。较高的生态承载力意味着该区域自然环境对于社会经济发展的承载能力较强，环境容量较大，人口规模维持在相对适宜的水平，出现的环境问题可以通过科学技术水平的提高得到一定程度的解决，经济发展方式也较符合可持续发展的要求。因此，生态承载力是判断人类活动与生态系统相互关系调控是否有效的关键因素。

京津冀城市群是我国政治、文化中心，也是我国北方经济的重要核心区。城市群建设过程中空间的快速拓展与自然资源节约集约利用的矛盾日益凸显。当前，在新型城镇化向纵深推进和推动新时代绿色发展和生态文明建设背景下，进行京津冀区域生态承载力评价，对优化配置区域自然资源，把握人口、经济、资源环境的平衡点，形成自然资源合理利用的空间格局具有重要意义。

（1）一个地区的生态承载力水平是该地区自然资源能够实现可持续利用的刚性约束条件，生态承载力评价则是自然资源可持续利用研究和生态系统服务综合评价的基础，为自然资源合理开发与可持续利用相关规划的编制提供科学依据。生态承载力评价能够有效反映自然资源对于地区社会经济发展的承载效果，找出自然资源开发利用过程中存在的主要问题，形成的结论和综合对策将为环境治理和生态保护市场体系建立、社会转型、产业结构调整等提供科学依据。

（2）有助于优化京津冀地区自然资源开发与利用空间格局，促进实现三者之间自然、经济与社会发展水平的空间均衡。通过对京津冀地区生态承载力的综合研究，可以揭示自然资源对人口、经济、社会等方面的约束程度，将自然资源开发条件与社会经济发展需求相结合，找到实现二者协调发展的契合点。

（3）提高全社会环境保护与自然资源优化开发意识。生态承载力评价有助于建立健全环境治理体系，完善生态补偿制度以及实现自然资源的有偿使用，减少自然资源的浪费，防止生态系统服务功能的进一步恶化，提高生态系统服务水平，改善生态环境质量。

1.2　研究内容

本书在对国内外生态承载力相关研究进行系统梳理的基础上，集成环境科学、社会学、经济学、统计学等多学科领域的理论方法，构建适用于京津冀地区生态承载力综合评价的理论模型，并对该地区生态承载力开展系统性的综合评价研究，在此基础上，就提高区域生态承载力提出相应的参考建议。

（1）在对相关理论基础进行系统分析的基础上选择适当的生态承载力评价方法。对生态承载力研究涉及的理论基础、研究内容和分析方法进行系统梳理，总结不同方法在生态承载力评价中的优势与不足，依据研究需要解决的关键问题，选择最具有评价优势的生态承载力方法和指标对京津冀生态承载力进行研究。

（2）对京津冀生态环境概况进行总体分析。京津冀地区在我国的发展历史中始终占据着举足轻重的地位，并已逐渐发展为我国最重要的经济、政治、文化、科技中心。京津冀城市群中的城市地理位置紧邻，文化发展有着很大的相似性，因此在地域上是比较完整的一个区域，人文亲缘性较强，城市群内各城市经济社会发展各具特点但同时也存在一定的相似性，联系紧密。本书重点对京津冀地区的社会经济概况，水、矿产、土地等自然资源，大气环境、水环境等生态环境问题进行描述性统计分析。

（3）构建京津冀地区生态足迹与生态承载力综合评价指标体系，评价京津冀地区的生态承载力水平并揭示三者生态承载力的差异性特征。基于京津冀地区生态承载力影响因素分析，结合研究区域实际发展状况，在生态足迹综合性评价中，分别从耕地生态足迹、林地生态足迹、草地生态足迹、建设用地生态足迹、水域生态足迹、化石燃料用地生态足迹和大气环境生态足迹七个方面对京津冀三地的生态承载力进行研究，并利用上述指标计算京津冀各地区的生态赤字与生态盈余。

（4）探索提升京津冀地区生态承载综合能力的对策措施。通过对京津冀地区自然资源开发利用程度和各类土地资源的承载力现状进行定量评价，从各子系统对社会经济发展的承载力水平分析入手，按照促进区域协调发展的思路，探索优化京津冀地区自然资源开发利用结构，提升生态承载力综合水平，实现自然资源可持续利用和京津冀城市群协同发展的具体措施与对策。

1.3 研究方法

本书将京津冀地区作为研究对象，在对国内外相关研究进行系统梳理的基础上，对三个地区的生态承载力开展实地调查，通过集成环境科学、社会学、经济学、统计学等多学科理论方法，从跨学科交叉、多角度思维的视角进行综合评价。在实证分析过程中，对调查结果采用定性分析与定量分析相结合的方法，并结合土地利用数据、环境数据、社会经济发展数据等多源数据对京津冀地区生态承载力进行评价研究。主要研究方法包括以下两种。

（1）文献分析法。在对京津冀地区土地承载力分析过程中，对相关的研究资料文献进行了广泛收集和查阅，并对其进行系统分析。通过分析比较国内外学者研究方法的优缺点，进行适用性分析。在文献分析中，主要通过回顾以前学者的研究方法、研究所选择的指标体系以及相应的研究结果，阐述研究过程中存在的主要问题，在此基础上构建适用于京津冀地区生态足迹评价的指标体系，选取适合该地区的综合评价方法。

在文献研究中，借助土地、水、承载力等关键词搜索，进而再根据具体情况，加入土地承载力、水承载力、环境承载力、资源承载力、生态承载力等关键词进行收集，选择经典文献进行分析，并根据经典文献进一步扩展对相关文献进行分类整理。为了对该领域的经典文献进行全面收集，也通过搜索 Carrying Capacity、Ecological Carrying Capacity 等关键词收集了 ResearchGate、works. bepress. com、epubs. scu. edu. au、core. ac. uk、JSTOR 数据库、SAGE 数据库等重要的国外数据库相关文献。通过梳理收集到的经典文献，选择与本研究密切相关且具有重要影响力和具有重要理论、方法、技术等方面支持的文章仔细阅读，得出研究思路和实证分析策略。

（2）实证研究法。本书在对相关研究进行实证分析时，首先，对京津冀地区的社会经济概况，水、矿产、土地等自然资源，大气环境、水环境等生态环境问题进行了描述性统计分析。其次，采用生态足迹方法构建生态足迹指标体系，衡量各地区不同阶段的生态足迹状况。最后，通过指标选择计算承载力，并通过比较生态足迹和生态承载力计算生态赤字或生态盈余，以此表征京津冀地区社会经济发展过程中人类对自然资源的利用程度，判断各区域的经济发展和社会生活是否在其生态承载能力范围内。

1.4 研究思路

首先，本书对相关文献进行收集整理，结合研究数据、研究对象和具体的研究方案，选择合适的评价指标体系，借助适当的评价方法对京津冀三地的生态承载力进行系统性的研究。在文献梳理部分，主要为本书提供以下几个方面的支持。（1）研究模型。以往研究生态承载力的文献分别采用了不同评价模型，这些评价模型有其自身的优劣势。本书重点对主要的研究模型进行梳理，对比并选择适合京津冀生态承载力评价的模型。(2) 评价指标体系。关注前人研究所采用的评价指标体系，通过对生态承载力评价指标体系进行综合性研究，为本书评价指标体系的选择提供借鉴。(3) 研究结论。通过对以往文献的研究，发现其研究结论具有较高的相似性，说明生态承载力在人类发展过程中具有一定的规律性。通过对这些研究结论进行对比分析，可以为本书的结论提供前瞻性的预判，也为本书的结论在探讨中提供比较的对象。

其次，为了能够有针对性地选择评价指标体系，需要对京津冀三地的社会、经济、自然环境等状况有概括性的了解，所以，为了能够较为准确地选择相应的评价指标，对京津冀三地的概况进行了描述性统计（见图 1－1）。

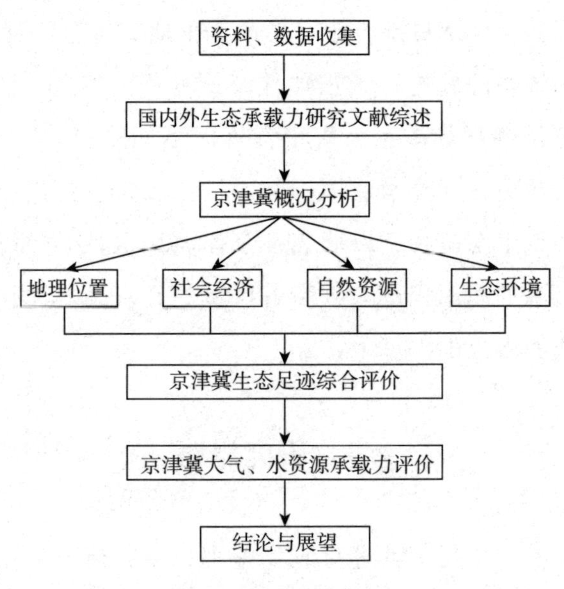

图 1－1　技术路线

再次，利用生态足迹方法，选择适当的评价指标体系对京津冀三地的生态足迹与生态承载力进行评价，结合生态足迹法和承载力指数法计算京津冀三地生态赤字或生态盈余状况。并通过大气环境、水环境等对京津冀三地生态足迹研究进行补充，评价三地在大气环境和水环境方面存在的生态赤字或生态盈余状况。

最后，通过对京津冀地区自然资源开发利用程度和各类土地资源的承载力现状进行定量评价，从各子系统对社会经济发展的承载力水平分析入手，按照促进区域协调发展的思路，探索优化京津冀地区自然资源开发利用结构，提升生态承载力综合水平，实现自然资源可持续利用和京津冀城市群协同发展的具体措施与对策。

第二章　文献研究综述

2.1　资源环境承载力概念的演化与界定

国际上对承载力的研究有着较长的历史，其内涵的发展经历了一个相对漫长的过程。早期的承载力研究是与生态学理论体系密切相关的，这一时期的研究以帕克（Park）、伯吉斯（Burgess）和福格特（Vogt）为代表。其中生态学家帕克和伯吉斯（1970）首次对承载力的概念进行了较为规范系统的阐述，指出承载力是在某种特定的环境条件下自然生态系统对于某种生物存在数量的最高承载程度，并在其研究中指出，通过研究区域的食物总量可以确定该区域所能负载的人口数量。

随着社会经济的发展，自然环境在工业化过程中逐渐恶化，不但严重影响了人们的生产和生活，而且威胁社会的可持续发展。在这个过程中，人口逐渐膨胀，耕地不断减少，土地荒漠化加剧，资源消耗过度，促使人们开始对影响人类生存的各种再生性资源和不可再生性资源进行评估，资源承载力的概念正是在这样的背景下被提出的。资源承载力是一个较为综合性的概念，其研究目的在于通过衡量在既定地区资源供给的条件下对满足当地人口基本生存需求的支撑能力，并且随着人们对资源承载力研究的不断深入，承载力的概念也逐渐得到扩展和延伸。在资源承载力研究方面，分别涉及土地承载力（王书华等，2001；王旭光等，2001）、水资源承载力（姚治君等，2002；Feng et al.，2008）、矿产资源承载力（佘敬和姚书振，2002；吕贻峰和李江风，1999），生态承载力（Smaal et al.，1997；Hudak，1999），后来扩展到区域综合承载力研究，由此表明各种承载力的研究一脉相承。

土地涉及粮食安全和居住环境等问题，所以土地承载力研究的历史相对较长，研究的文献对象也较多。Allan 早在 1949 年就提出了土地承载力的概念，且被学者广泛接受。他认为土地承载力是指“在维持一定水平并不引起土地退化的前提下，一个区域能永久地供养人口数量及人类活动水平”。20 世纪 70 年代以来，社会经济发展过程中在人口、资源、环境等方面面临的不可持续问题开始逐渐凸显。受人口数量的爆发式增长和人类生产生活需求迅速扩张的双重影响，为了厘清自然环境与社会经济之间存在的内在关系，许多国家（尤其是发展中国家）开展了以协调人地关系为核心目标的承载力研究，并逐渐将承载力从土地研究领域扩展到了整个资源环境系统。在此期间，联合国粮农组织进行了一项有关发展中国家土地承载力的研究，通过该项研究制定了《土地评价纲要》，确定了土地评价原则，将土地承载力的研究推向了一个新的高度。研究过程中，该项目将土地利用类型和农业生态区域法相结合，评估了在不同的自然与社会经济条件下，土地资源的生产能力及其所能承载的人口数量。依据土地资源评价结果将研究区划分为不同类型的农业生态单元，并估算了在既定的投入水平下各种作物的理论产量，并通过将作物产量换算为热量和蛋白质，按照相应的人均需求量进行比较，得到最终的单位土地面积所能承载的人口数量，即区域的土地承载力。

1995 年，诺贝尔经济学奖得主 Kenneth Arrow 在 *Science* 杂志上发

表了 Economic Growth, Carrying Capacity, and the Environment 一文，该文对土地承载力的概念内涵进行了系统的论述，在学术界引发了热烈讨论。美国人口学家 Cohen 在同年出版了 *How Many People Can the Earth Support?*，该著作对长期以来人们对于地球承载力的相关研究进行了总结，是有关地球资源赋予人类发展空间、自然生态系统人口数量承载能力等方面最系统、全面、深入的总结性研究。

此外，许多学者从不同视角进行承载力方面的研究。关于水资源承载力定义目前还存在着争议，其中相对具有代表性的界定是程国栋（2002）的一项研究，他将水生态承载力归纳为“某一区域在具体的历史发展阶段下，考虑可预见的技术、文化、体制和个人价值选择的影响，在采用合适的管理技术条件下，水资源对生态经济系统良性发展的支持能力”。另外，旅游环境承载力也是资源承载力研究的一个重要方向。Lapage（1963）提出了旅游容量的概念，后来很多学者开始对旅游承载力进行深入的研究，孙道玮（2002）、孙金梅（2012）、李丰生（2005）等均对旅游承载力进行了界定。崔凤军（1997，1998）从旅游地可以承受的强度方面对旅游承载力进行界定，认为旅游承载力是在没有明显危害到当地旅游环境的现状和结构条件下，旅游地区在一定时期内可以承受的旅游活动强度，其水平可以通过游客密度、旅游经济效益和土地利用强度三项指标衡量。孙道玮（2002）从人类活动区域、活动内容以及开展活动的最低游客数量要求三个方面，即从旅游经济效益和游客数量角度对生态旅游环境承载力进行界定，指出旅游承载力首先是“某一旅游地域单元（如旅游区、游览区、旅游点等）”，其次是在该旅游单元开展“生态旅游活动（包括游览、休闲、认知、探索等）”，在此情况下，“在满足游客游览要求的同时将对自然生态环境的影响降到最低，并发挥保护、改善旅游区生态环境质量的作用，并使当地居民从旅游业中充分受益时旅游区所能容纳的游客数量”。

20 世纪 80 年代，随着可持续发展思想的提出，其相关研究在学术界迅速开展，而承载力作为可持续发展研究的重要方法和组成部分，再次成为研究的热点，并且承载力研究通过与可持续发展理论相结合获得了新的理论内涵。20 世纪 80 年代初，在联合国教科文组织的支持下，英国科学家 Slessor 设计提出了 ECCO（承载力提高策略）模型，并在非洲地区进行了分析预测，全面评估了非洲地区自然资源的综合承载能力。

资源承载力是一个重要的概念，并且在现实生活中资源承载力总是和自然环境发生着密切的联系，资源环境遭受破坏，往往会造成生态系统服务功能的下降，例如自然资源的过度开发与使用、土壤遭受破坏、水资源大量流失、物种由于气候和环境的原因减少、各种植被的破坏等，这一系列问题都会导致生态系统服务供给量的急剧减少。另外，随着人类生活水平的不断提高，对各方面的需求与日俱增，而对于生态系统服务的需求也在不断增加，这样在有限的生态系统服务供给和不断增长的生态系统服务需求之间就形成了严重的供需矛盾，表明对于资源承载力的研究不能局限在某一种或几种资源上，它需要考虑用综合性的资源供给以及综合性的资源承载力探寻承载力问题，因此生态承载力的概念被很多学者提出（Smaal，Prins，Dankers，et al.，1997；Hudak，1999），并逐渐成为一个重要的研究方向。Smaal 和 Prins 研究认为生态承载力是某一个自然生态系统在特定的时间尺度下所能支持的最大种群数；Hudak 认为生态承载力是指在特定时期内植被所能维持的最大种群数量。

国内对生态承载力的研究可以追溯到 20 世纪 90 年代初。杨贤智（1990）认为生态承载力可以从生态系统承受外部干扰的能力方面衡量，并指出需要从系统结构和功能两个方面进行评估；王家骥等（2000）认为所有的自然生态系统都具有一种自我协调、自我平衡的能力，而适应性则是自然规律作用的结果，是在一定的自然规律作用下形成的适应能力，是生物和环境相互作用的结果，也就是说生态承载力可以从自然生态体系的自我调节能力方面衡量；高吉喜（2001）同样从自然体系的自我协调、自我调节能力角度对生态承载力进行了界定，指出生态承载力是“资源与环境子系统的供容能力及其可维育的社会经济活动强度和具有一定生活水平的人口数量”，并指出生态系统的自我维持和自我调节功能是一种固有的本质，对这种本质进行有效的测量才能使生态承载力得到有效的衡量，他进一步阐述了生态承载力与环境承载力和资源承载力之间的关系，强调环境承载力是生态承载力的约束，资源承载力是生态承载力的基础，生态系统弹性则是生态承载力的支持条件；程国栋（2002）认为自然生态系统和社会经济活动之间存在着强烈的相互作用机制，生态承载力的研究对象应是整个可持续发展系统，并应将如何实现可持续发展系统各子系统之间的协调发展以及和谐共存作为研究重点。

随着人们对生态承载力研究的深入，很多学者认为需要从不同的角度对其进行研究，从而使研究更具有针对性。杨志峰等（2005）从生态系统健康角度对生态承载力进行了界定，认为生态承载力是指自然生态系统维持其自身服务功能和自身健康的潜力。对于生态承载力的测量，应该从自然生态系统对社会经济发展强度承受力和自然资源在社会经济系统发展强度下发生毁损的难易程度两个方面进行测量。陈端吕等（2005）认为对于某一区域来说，生态承载力强调的是系统的承载功能，其内容应包括资源子系统承载力、环境子系统承载力和社会子系统承载力，即生态系统的承载力要素应包含资源要素、环境要素以及社会要素。徐卫华等（2017）认为生态承载力主要包括两个方面，一方面，是水源涵养、水土保持、固碳、气候调节等方面的服务能力；另一方面，是预防土地沙化、水土流失和石漠化等生态问题，防止生物多样性丧失，调蓄洪水等预防能力，认为生态承载力不但包括各种产品和服务的提供能力，也包含对环境污染的净化能力。樊杰等（2015）指出生态承载力、环境承载力和资源承载力构成了资源环境承载力的三个主要方面。

2.2　资源环境承载力研究现状

2.2.1　水生态承载力研究

水生态承载力是将水资源和生态环境结合起来进行综合研究的课题，水生态承载力是包含生态承载力、水资源承载力、水环境承载力等内容的一个综合概念。水生态承载力具有复合性和动态性的特征，复合性体现在它涵盖了水资源承载力、水环境承载力和栖息地环境承载力，不仅包括自然生态系统，而且包括社会经济系统；动态性一方面是因为其具有时空分异性，另一方面是因为社会经济系统与水生态系统之间的动态平衡。

水生态承载力的研究内容较为广泛。焦雯珺等（2015）基于生态系统服务的生态足迹（ESEF）内涵提出了水生态承载力评估方法，构建了基于ESEF的水生态足迹与承载力模型，实现了生态足迹法对水生态系统承载能力的有效表征。该研究通过建立太湖流域水生态足迹与承载力模型，评估了在常州市当今发展水平下水生态系统所能承载的人口与经济规模。王卫军等（2011）基于水生态承载力系统动力学（SD）模型，通过第一层次水资源承载力SD模型、水环境承载力SD模型，第二层次水生态承载力SD模型对袁河流域水生态承载力进行了研究。

2.2.2　土地承载力研究

20世纪80年代后期，伴随着学术界对于土地承载力的研究热潮，国内关于土地承载力的研究开始迅速发展，出现了一大批各类论著和研究报告。其中最具代表性的是陈百明主编完成的《中国土地资源生产能力及人口承载量研究》。该研究以联合国粮农组织对发展中国家的土地承载力研究为基础，将“土地资源—粮食生产—人口承载”作为研究主线，创造性地运用农业生态区域法预测了全国及各省、区、市在2000年和2025年可承载的人口规模。

土地承载力的研究在20世纪90年代后逐渐发展成为综合性研究和预测，相应的评价指标也从单一指标评价转变为多指标综合评价。对于综合性的评价指标体系，各项指标权重的确定成为土地综合承载力评价过程中最为关键的一环，并随着新理论、新方法、新技术的集成开发，土地承载力评价方法逐渐呈现出多样化特征。这一时期的土地承载力研究内容主要包括两个方面。一方面，主要是从粮食安全的角度分析区域耕地资源所能承载的人口数量，并对未来承载力发展做出预测。例如，姜忠军（1995）利用灰色预测模型GM（1，1）分析了龙游县的人口、粮食与耕地之间的关系，并通过测算土地资源生产潜力，评估了龙游县最适宜的人口数量；漆良华等（2007）利用趋势外推法和多种经济模型建立了土地资源生产潜力回归方程，并对宜宾市的土地生产潜力进行了实证分析和预测；吴彤（2007）将地理学的空间分析方法应用到土地承载力测算模型中，评估了崇明岛的土地承载力阈值；张衍广（2008）应用系统动力学模型预测分析了不同发展模式下的土地资源可能承载的人口数量。

另一方面，是基于可持续发展理论，从自然环境、社会、经济三个层面探讨土地综合承载力问题。例如，王书华等（2001）建立了我国沿海地区土地承载力评价指标体系，通过运用均方差权数决策法对我国沿海地区的土地承载力进行了测算，并依据评价结果将土地承载力划分为三种类型区；蒲鹏等（2011）利用生态足迹模型对开县的生态足迹和生态承载力进行了评价，并基于评价结果预测分析了开县的土地承载力和社会经济发展的可持续性。

除此之外，还有学者基于省份尺度对土地承载力开展研究。安方乾等（2018）运用土地资源承载力（LCC）模型和土地资源承载力指数（LCCI）模型对贵州省的土地承载力进行了研究，结果表明贵州省的土地资源承载力处于超负荷状态，且贵州北部地区的土地承载力高于其他地区；范媛媛等（2018）基于PSR模型从压力、状态、响应三个方面构建研究区域土地资源承载力评价指标体系，并将湖北省作为实证研究对象，结果表明湖北省土地资源承载力在空间分布上存在着较大的差异，总体上呈现东高西低，且高承载力地区主要是山区，中部平原地区呈现较低的承载力；王琦等（2018）基于生态足迹模型对四川省的耕地资源进行了评价，结果表明虽然四川省内人均足迹在不断上升，但人均耕地土地承载力相对稳定；陈芳淼等（2015）从生态系统服务价值供给的角度评估了云南土地资源承载力，研究结果发现2010年云南省北部的迪庆、怒江和丽江，以及南部人口稀少地区西双版纳、普洱的土地资源状况较为乐观，而其他地区由于开发历史悠久、人口众多等原因，土地资源供给服务价值量相对人口更显不足；周炳中（2002）利用PSR模型对土地资源的承载力进行了综合评价并通过引入功效函数量度因子贡献值以及运用协调度函数确定了区域土地可持续利用程度及阶段。

2.2.3　旅游环境承载力研究

在旅游环境承载力研究方面，很多学者针对不同的地点进行了研究。潘网生等（2018）采用生态足迹模型，对贵州省荔波县旅游生态环境承载力进行了研究，结果表明2016年由于人均旅游生态足迹持续上升导致人均旅游生态赤字已经接近临界值；方广玲等（2018）将GIS技术与模糊综合评估方法相结合，评估了西南山区旅游生态承载力，认为该地区总体生态承载力较好，低承载力地区主要分布在四川平原和丘陵地区，以及云南和贵州低山丘陵地区，高承载地区主要分布在川西北高原和广西西北部山地两大片区；卢学英等（2017）利用自然、经济、社会和文化等指标对旅游资源环境承载力进行研究，虽然以九华山风景区的旅游环境承载力为例，但其并未对该地区进行评价。

在众多旅游环境资源承载力研究中，选择评价指标和评价方式较为详细的文献为闫云平等（2012）对西藏景区的研究。该研究针对西藏高原景区的生态承载力和安全预警问题，开展了西藏高原景区生态环境特征、旅游现状及其旅游开发对环境承载力影响的分析研究。研究建立了旅游承载力测算模型、安全预警模型、高原旅游承载力计算方法和参数库，并集成遥感和 GIS 空间分析技术，开展典型景区示范应用研究。该研究将西藏景区的旅游资源承载力分为三个层次，即旅游生态环境承载力、旅游资源承载力和旅游设施承载力，根据影响景区的主要指标建立数学模型进行测算，其中旅游生态环境承载力从土地生态环境承载力（通过土地利用类型、生物生产性土地面积、均衡因子和产量因子进行综合衡量）、水环境承载力（污水处理量与人均污水生产量的比值）、大气环境承载力（景区大气环境质量与国家大气环境一级标准的比值）、环境固体垃圾承载力（某种型号的垃圾箱承载力、该型号垃圾箱每日的收集次数、该型号垃圾箱的数量、游客每日垃圾排放标准的乘积加权）、土壤环境承载力（采样值与国家标准比值）、生活消费生态承载力（游客出游天数、各景区旅游人数、游客在居住地的日人均生活消费生态足迹乘积加权）、交通工具能源消耗生态承载力（某种交通工具的运行距离、交通工具每行驶1000米的生态足迹乘积加权）、住宿能源消耗承载力（游客在某种档期酒店的天数、游客在居住地的日人均生活消费生态足迹以及住在该档期酒店的人数乘积加权）、游览能源消耗承载力（某景区游客人均能源消耗与该景区游客数量乘积加权）九个方面进行衡量；旅游资源承载力从旅游空间承载力（某个景点的可游览面积与该景点游客合理游览时间的乘积加权除以景区每日有效开放时间与每个景区平均游览时间的比值）、水资源承载力（旅游区的水供给量与人均用水量的比值）、土地资源承载力（旅游区旅游用地可供给量减去已使用旅游用地量和旅游用地需求量）、植被资源承载力（景区游览面积与人均生物影响承受标准面积）四个方面进行衡量；旅游设施承载力从道路交通承载力（车辆往返交通需要的时间与交通工具的平均日工作时间的比值乘以每种交通工具可载游客数和可用交通工具的数量，进而以交通工具的类型进行加权求和）进行衡量。

2.2.4　区域环境资源生态环境承载力研究

在区域环境资源的生态承载力研究中，不同的学者选择评估的指标往往存在着差异。在众多的研究中，很多学者选择了综合指标评估的方法对该主题进行研究（焦露等，2017；张富刚等，2010），也有学者从预警角度研究资源生态承载力（徐卫华等，2017），还有学者根据压力－状态－响应模型开展研究（魏超等，2013；张继民等，2012）。

焦露等（2017）从自然资源、环境、社会经济三个方面构建了一套综合评价指标体系对贵安新区资源环境承载力进行了研究。其中自然资源承载力从人口（人口密度）、土地资源（人均耕地面积、人均建设用地面积）、水资源（人均水资源占有量、人均年用水量）、水环境（氨氮排放强度、化学需氧排放强度、城镇污水集中处理率）衡量；环境承载力从大气环境（二氧化硫排放强度、氮氧化物排放强度、AQI 优良天数比例）、生产环境（工业固废排放强度、工业固废综合利用率）、生态环境（森林覆盖率、建成区绿化覆盖率）等方面衡量；社会经济承载力从社会发展（非农 GDP 比重、万元 GDP 建设用地面积、人均 GDP）、经济支撑（万元 GDP 用水量、万元 GDP 耗能）等方面衡量。通过对自然资源、环境、社会经济三个方面进行主成分分析，最终得出各地的环境承载力得分与排序。

张富刚等（2010）采用1996年到2007年间的调研数据和国民统计年鉴数据，结合因子分析方法，并通过城市和乡村的人均林地、耕地、园地面积，以及森林覆盖率、土地利用率、人均水资源量、复种指数、森林覆盖率、污染治理投资占GDP比重、万元GDP能耗、工业固体废物综合利用率、万元工业产值废气排放量、工业废水排放达标率、万元工业产值废水排水量等构建了承载力评价指标体系，系统地对海南省城乡系统生态承载力进行了实证研究，发现1996年海南省城乡系统承载力最高、1998年的系统承载力最弱。他们认为海南省城乡系统生态承载力的改变主要是由于当地人口增长、经济发展水平、经济政策等综合因素造成的，且在这些因素中政策因素在生态承载力变化中起着主导作用。所以，通过因地制宜地深化农业、工业和旅游业的生态建设是保证海南省社会经济可持续发展的关键。

徐卫华等（2017）认为生态承载力评估一个主要的方面包括了生态承载力预警评估，且主要基于生态系统服务功能对生态承载力预警进行了评估，在针对区域生态承载力预警评价时，主要选择了水土流失指数（以土地侵蚀量与容许土壤流失量的比值表示）、水土沙化指数（土壤侵蚀量与容许土壤流失量比值表示）、水源涵养功能指数（单位面积水源涵养量与同一生物地理区域内未退化生态系统单位面积水源涵养量的比值表示）、自然栖息地指数（自然栖息地质量状况分级表示）对生态承载力进行预警评估。

张继民等（2012）利用压力－状态－响应模型，并结合综合指数评估方法研究了2007～2009年黄河入海口区域的综合承载力状态。压力－状态－响应模型中，在压力方面引入了海岸带可利用资源与人口聚集度以及海洋环境质量状况等指标；利用海岸带人口聚集度与经济发展水平以及海洋环境质量状况等指标刻画研究期间黄河入海口区域的状态；采用科技、社会条件等反映黄河入海口区域的承载力相应状况。在这些指标中分别设立了二级指标和三级指标，通过层次分析法，分析出了各个层次及其权重，最终计算出区域综合承载力的综合指数，并最终计算出2007～2009年黄河入海口区域的综合承载力指数在0.44～0.52，状态指数在0.43～0.51，响应指数在0.39～0.54。研究结果表明2007～2009年黄河入海口区域的综合承载力状态处于满载，主要是因为在此期间海岸线利用强度过大，海域污染面积比例过大，海水养殖面积较大等；虽然在此期间政府采取了一些响应措施，但由于环境保护、科技创新能力、基础设施支出等较低造成了响应效果不明显。

魏超等（2013）采用压力-状态-响应模型，通过与张继民等（2012）相同的指标，构建海岸带区域综合承载力评估指标体系和评价标准。以江苏省南通市海岸带为例，利用状态空间法开展研究，取2005年、2008年和2009年综合承载力评估，五县（市）陆域、滩涂、海洋和区域的综合承载力基本处于可载状态，部分县（市）出现满载。

2.3　资源环境承载力的研究方法

资源环境承载力的研究方法包括种群数量的Logistic法（刘康等，2008）、自然植被净第一性生产力测算法、资源供需平衡法（吴超等，2010；杨艳等，2011）、模型评估法（层次分析模型、系统动力学模型、门槛分析模型）、指标体系法（王丹等，2011）和系统模型法（王开运，2007；石月珍，2005）等。其中，目前运用较为广泛的研究方法包括生态系统服务的生态足迹（ESEF）、系统动力学模型、基于AD-AS模型的承载力评估、能值分析评估法、PSR承载力评估等。

2.3.1　生态系统服务的生态足迹（ESEF）

生态系统服务的生态足迹（ESEF）的核心是通过多种生态系统功能构建足迹。利用该方法的主要代表性研究包括以下内容（戴科伟等，

2006；Min 等，2011；焦雯珺等，2015、2016；黄剑彬等，2017）。

Min 等（2011）利用生态系统面积满足生态系统服务需求，进而以此衡量人们利用生态系统的水平以及对生态系统的影响。

戴科伟等（2006）在生态足迹分析中将一定区域内所能够提供的所有具有生产性土地面积定义为该区域的生态承载力；将一定区域内人类所消耗掉的废弃物所需要承载的生产性土地定义为该区域人口的生态足迹。在对鹞落坪国家级自然保护区的研究中，应用生态足迹法计算了该地区的生态足迹和生态承载力，结果发现目前保护区生态承载力可以充分满足该地区的生态足迹，但由于经济发展对区域资源依赖性强，会导致该自然保护区可持续发展受到严重影响。

焦雯珺等（2015）通过水生态足迹和水生态承载力的比值构建生态承载力指数，进而计算所考察地区的生态承载力问题。生态系统服务的生态足迹（ESEF）中包含了水产品足迹、水资源足迹、水污染足迹三个变量。其中，水产品足迹可以表达为水产品的消费量与水产品的世界平均生产能力（或水产品的国家平均生产能力）的比值乘以水产品的生产服务的供给因子①；水资源足迹可以表达为水资源的消耗量与世界或国家的水资源平均供给能力比值乘以水资源供给服务的供给因子②；水污染足迹可以表达为水污染物的排放量与水污染物的世界平均吸纳能力（或者水污染物的国家平均吸纳能力）比值乘以水污染吸纳服务的供给因子③。基于水生态系统服务的生态承载力，简称水生态承载力。在生态承载力模型中包含了水产品承载力、水资源承载力、水污染承载力三个变量，其中水资源承载力可以表达为具有水产品生产能力的水域面积与水产品生产服务的供给因子的乘积；水资源承载力可以表达为具有水资源供给能力的水域面积与水资源供给服

① 表征水产品的国家平均生产能力与世界平均生产能力的差异。

② 表征水资源的国家平均供给能力与世界平均供给能力的差异。

③ 表征水污染物的国家平均吸纳能力与世界平均吸纳能力的差异。

务的供给因子的乘积；水污染承载力可以表达为具有水污染物吸纳能力的水域面积与水污染吸纳服务的供给因子的乘积。

焦雯珺等（2016）以太湖流域上游湖州市为例，从水质限定、水量支撑、水生态稳定三方面考察了生态系统服务的生态足迹（ESEF），并分别针对是否考虑环境功能分类和水质标准，采用平均值法进行了生态系统服务的生态足迹（ESEF）的水生态承载力评估。研究表明，无论是否考虑环境功能分类和水质标准，湖州市的生态足迹已经超过了当地水资源的总体承载力；从水质保障、水量支撑和水产品供给方面来看，湖州市水生态系统需求缺口达到5%。如果湖州市水生态系统达到相应的环境功能和水质标准，缺口将扩大到21%。

黄剑彬等（2017）基于景观指数和生态足迹对平潭岛生态承载力进行了研究，研究发现2005～2013年平潭岛生态足迹虽然在不断上升，但生态承载力却呈现下降趋势。

2.3.2　系统动力学模型

采用系统动力学研究承载力的文献相对较多，例如冯海燕等（2006）利用动力系统学模型研究了北京市水资源承载力，陈传美等（1999）采用动力系统学研究了郑州市的土地承载力，杨巧宁等（2010）利用动力系统学研究了济南市水资源承载力，孙新新等（2007）利用系统动力学模型研究了宝鸡市水资源承载力，等等。其中具有典型代表性的研究是荣绍辉（2009）、马涵玉等（2017）的两项研究。

荣绍辉（2009）选择了系统动力学（SD）仿真模型对湖北省应城市进行了水资源承载力的案例研究。该研究将水资源分为六个子系统，采用系统动力学原理，结合系统动力学专用仿真软件VENSIM 5.3，对各子系统之间及其内部要素的相互关系进行分析，建立了城市的水资源承载力SD模型；在该模型中，选取了供水紧张程度、工业产值、人口数量、农田灌溉面积、COD 排放量、城市绿地面积六个变量作为水资源承载力的核心指标，结合层次分析法赋予指标权重，设计了四种模拟方案，对应城市未来 20 年的水资源承载力变化趋势做出了四种方案预测。预测结果表明，在现行状况（零方案）下，城市水资源承载力下降，长此以往是无法承载社会经济发展的。对于方案一和方案二，承载力会有所提升，方案三最好。该研究从系统、联系、发展与运动的观点分析影响水资源承载力各要素间的相互关系。

另外，马涵玉等（2017）运用系统动力学（SD）的方法，建立了成都市水生态 - 经济 - 人口 - 水资源 - 水环境的耦合系统。将水生态承载力系统细分为五个子系统——人口子系统、水环境子系统、水资源子系统、水生态子系统和经济子系统。人口子系统主要以人口规模衡量，水环境子系统主要表现为自净化功能，水资源子系统主要以水量供给为支撑，水生态子系统通过水量供给和自净纳污发挥作用，经济子系统主要体现为 GDP。在此基础上模拟了现状延续型、节约用水型、污染防治型和综合协调型四种情景模式。模拟结果显示：在模拟年限内（2014 年到 2020 年），现状延续型和污染防治型未能有效降低水生态承载限制系数，水生态问题将进一步加剧；节约用水型和综合协调型都可以降低水生态承载限制系数，但节约用水型不能显著减低该系数，只有通过节约用水型和污染防治型相结合的综合防治型，才可以更加有效地降低该系数，该情景模式是提高水生态承载力的最佳模式；到 2020 年，该情景模式下成都市的水生态承载限制系数将下降为 0.297，与 2010 年相比，下降了 59.4%。研究结果可为成都市水生态保护提供技术依据。

2.3.3 基于 AD - AS 模型的承载力评估

当前很多学者逐渐采用 AD - AS 模型探讨生态承载力问题。其中狄乾斌等（2015）基于改进的 AD - AS 模型对中国的海洋生态综合承载力进行了评估，研究结果表明中国海洋承载力当前尚在可载状态。刘淑窕等（2017）利用该模型，采用自然、经济、社会三大因子对浙江海洋生态承载力进行综合性评价，结果表明总供给和总需求增减变动趋势相似，且 2003 ~ 2014 年浙江海洋资源始终处于可载状态。在这些研究中，对 AD - AS 模型较为综合性运用的为苏盼盼等（2014）的一项研究。

苏盼盼等（2014）以舟山海岸带为研究区域，从社会、经济和自然三个维度构建海岸带生态系统综合承载力评估的指标体系。并参照经济学中的 AD - AS 模型，改进成综合总供给 - 综合总需求（SAD - SAS）模型，根据生态系统总供给与总需求之间的平衡关系计算舟山海岸带生态系统综合承载力值，评价其所处的承载力水平。其中，在综合的供给模型中，通过海岸带资源供给、经济发展水平、科技支撑、社会支撑、正向交流因子等计算总供给指数。其中海岸带资源供给指数采用人均资源量、人均绿地面积、植被覆盖率、人均植被净初级生产力、渔业资源（包括捕捞产量和海水养殖产量）衡量；海岸带经济发展水平指数采用人均 GDP、海洋经济产值、第三产业占 GDP 的比例、人均海盐产量衡量；海岸带科技支撑指数采用万人在校大学生数、科研与开发占 GDP 的比例衡量；海岸带社会支撑指数采用百人病床数、环境保护支出、人均道路面积衡量；海岸带正向交流因子指数采用港口吞吐量、外资投入占 GDP 的比重衡量；总需求模型中通过海岸带社会压力、环境压力、开发强度、系统负向交流因子等方面衡量总需求指数。其中，海岸带社会压力指数包括未达标工业废水排放率、未达标固体废渣排放率、单位工业增加值新鲜水耗、万元 GDP 能耗等指标；海岸带环境压力指数包括二氧化硫、近岸海域水质等；海岸带开发强度指数包括 GDP 增长率、人口自然增长率、滩涂面积、围垦面积、常住人口密度等；系统负向交流因子包括恩格尔系数、人均出口额等。最终研究结果表明：2005 ~ 2008 年的舟山海岸带综合承载力每年增速为6.5%，之后呈现下降趋势，平均下降幅度为3%；SAD-SAS模型作为生态学与经济学交叉的模型，为海岸带综合承载力评价提供了一种新思路。

2.3.4 能值分析评估法

能值分析是进行生态系统定量分析的一种方法，被广泛运用在环境、区域和生态等价值或能力的评估方面。该方法主要通过绘制能量系统图、构建能量评价表和各种能值指标计算三个步骤实现。赵昕等（2009）绘制能量系统图，主要是明确系统中各要素之间的关系；构建能量评价表主要对进出系统的各种物质和能量等进行有效的转换，为第三步的能值指标计算做准备。张志卫等（2012）以青岛市大岛为例，基于能值分析了无居民海岛承载力。通过岛内的陆地动物、游客、土壤、海洋动物、沙滩和海域、植被与可更新的阳光能、降水化学能、风能、波浪能、潮汐能等的交换，考查了青岛市大岛系统的能值和人口承载力，认为在维持大岛生态系统可持续发展的情况下，其承载力为1130人，但是其能值贡献主要来自大岛周边海域生态系统。

胡晓芬等（2017）基于能值分析方法，以地处青藏高原的甘南藏族自治州、青藏高原与黄土高原交会区的临夏回族自治州和黄土高原的定西市为研究对象，从环境的“资源支撑能力”和“废物消纳能力”两方面对区域环境承载力进行评价。其中“废物消纳能力”可以表示为废弃物能值除以可更新资源与土地面积的比值，该值越大，表明人类活动中的环境系统需要同化的废弃物越多，对环境系统产生的压力也越大；“资源支撑能力”可以表示为（反馈输入能值+本地不可更新资源能值+进口能值）/［（不可更新资源储量能值+可更新资源能值）/土地面积的比值］，该值越大，说明考查区域内人类活动所需要的支撑量对环境造成的压力越大。最终研究表明：时间尺度上，两种计算结果出现较好的拟合，表明定西市的经济系统发展尚处于良性发展阶段，环境承载力可以支持当地经济的可持续发展；甘南藏族自治州的环境承载力供给明显冗余；临夏回族自治州自2002年后经济发展已经明显受到当地资源承载力的约束；针对区域差异分析三个地区可持续发展中存在的问题，并提出相应的优化方向及措施。

2.3.5 PSR承载力评估

压力－状态－响应的评估模型，即PSR模型，可以较为系统地对承载力进行评估，且具有较强的可操作性，在生态承载力研究中也得到了较为普遍的应用。其中张继民等（2012）利用压力－状态－响应模型，并结合层次分析的综合指标法，评估了黄河口区域综合承载力状况。这种方法也被广泛应用于土地的可持续利用（周炳中等，2002）、土地资源综合承载力评价（范嫒嫒等，2018）、水资源承载力评价（王卫军等，2011）、区域承载力评价（魏超等，2013）以及生态系统健康（颜利等，2008）等方面的研究之中。其中利用PSR模型研究承载力方面具有突出特点的文献是周炳中等（2002）、张继民等（2012）。

周炳中（2002）利用PSR模型较为全面地阐述了压力、状态和响应所包含的变量。在压力方面，采用社会进步、人口增长和经济发展等指标衡量人们活动对土地承载力的压力；通过在这种压力作用下土地的数量、结构、功能以及类型和质量等反映当下土地承载力的状态；并引入教育、科技、经济结构、制度、管理技术等指标综合反映人类活动的反馈响应度。

张继民等（2012）利用压力－状态－响应模型表达了黄河口区域综合承载力状况。压力－状态－响应模型中，在压力方面引入海岸带可利用资源与人口聚集度以及海洋环境质量状况等指标；利用海岸带人口聚集度与经济发展水平以及海洋环境质量状况等指标刻画研究期间黄河口区域的状态；采用科技、社会条件等反映黄河口区域的承载力相应状况。在这些指标中分别设立了二级指标和三级指标，通过层次分析法，分析出各个层次及其权重，最终计算出区域综合承载力的综合指数。

2.4　京津冀资源环境承载力研究现状

京津冀三地的资源生态、资源禀赋等的协同和承载力对其协同发展起着至关重要的作用。所以，很多学者对京津冀资源环境的承载力进行了初步研究。围绕着京津冀、环首都等关键词对三地的生态承载力研究包括土地资源承载力研究（刘蕾等，2016；孙钰等，2012；彭文英等，2014；李强等，2016；彭文英等，2015），水资源承载力研究（张梦瑶等，2016；鲍超等，2017），生态承载力研究（王坤岩等，2014；罗琼等，2014），社会承载力测度（高媛，2016），综合承载力研究（郭轲等，2015；孙强，2017）。

其中刘蕾等（2016）结合状态空间法模型，从资源、社会经济、生态环境三个子系统评价京津冀的土地综合承载力，研究发现京津冀地区的自然资源、社会经济方面的承载力存在着较大的差异，北京市和天津市处于超载状态，虽然河北省在总体资源承载力上具有较强的潜力，但唐山市、秦皇岛市、邯郸市、张家口市、衡水市土地资源承载力超负荷；然而在生态环境方面京津冀三地的承载力没有太大的差异；从综合性土地承载力来看，北京市和天津市在各个方面的承载力以及土地综合承载力方面压力较大，河北省压力较小，适合作为京津压力承接产业转移的区域。同样，在土地承载力方面，彭文英等（2015）采用包含自然资源、社会经济和生态环境等多个承载目标进行了评估，测量分析了首都圈土地资源人口承载力，得出了类似的结论，即北京、天津两市人口基本达到饱和；另外，北京、张家口、承德三市已经达到土地开发的生态适宜量。

在水资源方面，还没有具体从综合性的承载力方面对京津冀三地进行研究，然而张梦瑶等（2016）、鲍超等（2017）分别从水资源的配置方式和开发利用角度研究了京津冀的水资源分布情况。

在京津冀的生态资源承载力方面，罗琼等（2014）对京津冀三地的土地资源、水资源、植被与绿地系统、能源资源等状况进行了描述，进而通过资源、环境、社会系统三个方面的23个指标评价其生态承载力，认为天津、石家庄、保定、邯郸、唐山、邢台等由于以重工业为主的产业不合理造成生态承载力压力较大；张家口生态承载力基本适宜，北京、承德、廊坊、秦皇岛、沧州、衡水等承载力较健康，其中秦皇岛生态承载力最健康。秦皇岛、承德等均为水源和植被比较丰富的地区，北京服务业比较发达且环境治理较好。另外，孙强（2017）结合资源、环境、社会三个子系统，用30个具体指标分别从压力和支撑力两个方面对京津冀区域中的石家庄、唐山、保定、邯郸四座中心城市的生态承载力进行了研究，结果表明四区域中心城市承载力总得分是曲折攀升的。

2.5 综合评述

通过以上承载力研究的演变过程分析，相对较早的研究对象是土地承载力。早期人类的活动以农业活动为主，农业活动的主要载体是土地，活动的结果是供人类发展的粮食。所以，学者早期的研究主要是围绕着耕地、粮食、人口的关系测算一定区域和时间内承载的最大人口量。土地承载力的众多研究可以分为两个阶段：第一个阶段通过定性的研究方法探讨土地资源承载力的发展变化趋势；第二个阶段是采用一定的计量模型定量地测算土地资源可以容纳的人口最大数量。第二个阶段的实证研究具有较强的争议性，主要源自选择的实证模型与实际情况的符合度，这种符合度在很大程度上决定了研究结果的准确性。

随着社会的发展，人类的活动不只局限于农业活动，而是大范围地拓展了活动的范围和领域。人们的生产、生活等逐渐开始融入工业化、贸易化、数字化、区域化、一体化等，人类活动影响的范围也更加广阔，对人口、资源、环境等带来的问题越发严重。所以人们活动决不再局限于土地，而是比土地更具综合性的资源的影响。所以，人们开始将承载力逐渐由土地扩展到资源、生态等层面上来。

从研究所涉及的内容来看，当下的资源生态承载力的研究相对较多，在资源生态承载力的内涵、界定、研究的内容、研究的方法等都相对比较完善和丰富。上述不论是土地资源、水资源、旅游资源、区域资源或者是生态环境承载力的研究在评估方法和评估维度等方面都对本书有着参考作用。具体从京津冀角度对资源生态承载力的研究还需要进一步细化。由于生态足迹揭示了人类活动已利用的资源数量，生态承载力则反映一定区域和时间内自然所提供资源或服务的总量，两者的差值反映了生态盈余或者赤字，利用二者的差值可以有效地评价研究对象的可持续发展的状态（戴科伟等，2006），该方法的优势在于能够从两个角度相对地研究实际资源环境承载力。所以，本书拟采用生态足迹法，分别从耕地生态足迹指标、林地生态足迹指标、草地生态足迹指标、建设用地生态足迹指标、水域生态足迹指标、化石燃料用地生态足迹指标对京津冀三地的资源环境承载力进行研究。

第三章　京津冀概况分析

3.1　京津冀地理位置概况

京津冀地区位于环渤海经济圈的中心位置，是我国连接西北、东北和华北的重要节点地带，是我国北方连接“海洋经济”和“大陆经济”的枢纽地区。京津冀地区包括北京、天津以及河北省的石家庄、唐山、秦皇岛、承德、廊坊、邯郸、邢台、沧州、保定、张家口、衡水等城市。总人口约为1.1亿，占国土总人口的8.1%，土地面积为21.7万平方公里，占国土总面积的2%左右。

京津冀区域地形总体从西北向东部和东南部渤海方向下降。北部是张北高原，西面是太行山脉，东临渤海，南达黄河。东面和东南区域是平原地带和沿海地区，北面和西面主要为山地和高原地形，占整个地区面积的60%，分布有太行山地、燕山山地、张北高原。

其中，北京市地处华北大平原的北部，西侧为西山，属于太行山脉，北侧为军都山，属于燕山山脉。西山与军都山相汇于南口关沟，构成一个环抱东南的北京弯。全市面积为16410.54平方公里。北京东侧与天津相接，东南部距离渤海约150千米，与河北省相邻，整体地势西北高东南低。其西侧、北侧及东北侧均为山脉，沿东南方向为倾斜的平原。

天津市位于华北地区的东北方向，东侧紧邻渤海，北侧依靠燕山，西侧毗邻北京，海河流域的五大支流南运河、子牙河、大清河、永定河、北运河由此汇集入海。天津市总面积为11919.7平方公里，其中海岸线长153.334公里。天津地理位置优越，处于中国北部海岸的中间位置，距离北京120千米，是拱卫京城的关键区域。天津的地势西北高，东南低，有山地、丘陵和平原三种地形。

河北省主要由沿海和内陆交汇而成，地势由西北向东南方向逐渐降低。地貌由西北向东主要为坝上高原、燕山和太行山区、河北平原。其海岸线长达487千米，总面积约为18.77万平方公里。

3.2 京津冀社会经济状况分析

京津冀地区是我国的政治、经济、文化和科技中心，在全国各地区中一直具有非常重要的作用。京津冀地区各个城市位置相邻，在经济和文化等方面具有明显的相似性，因此可以将其看作一个整体性较强的地区。这里的人文生活等方面也具有很强的相似性，区域内城市间的社会文化经济等方面各具特色，同样也具有一定的相似性，相互间的关系密切。

2017年，京津冀三地居民人均可支配收入分别达到57230元、37022元和21484元，名义增长率则分别是8.9%、8.7%和8.9%，实际增长率分别达到了6.9%、6.5%和7.1%，显示三个地区的人民收入与区域经济同步发展，都呈现稳步增加的趋势。进一步来看，三个地区的城镇居民人均可支配收入分别超过6万元、4万元和3万元，达到了62406元、40278元和30548元，名义增长率分别是9.0%、8.5%和8.1%；农村居民人均可支配收入也分别达到了24240元、

21754元和12881元，名义增长率分别是8.7%、8.4%和8.1%。在收入结构方面，一方面，三个地区居民收入是以工资性收入作为主要收入来源；另一方面，财产净收入、转移净收入等非工资性收入也在快速增加，成为该地区居民收入的新来源，京津冀地区居民收入逐渐呈现出“多点开花”的态势。京津冀地区总体经济发展指标（地区生产总值、人均地区生产总值、三次产业占比）见图3－1、图3－2、图3－3和图3－4。

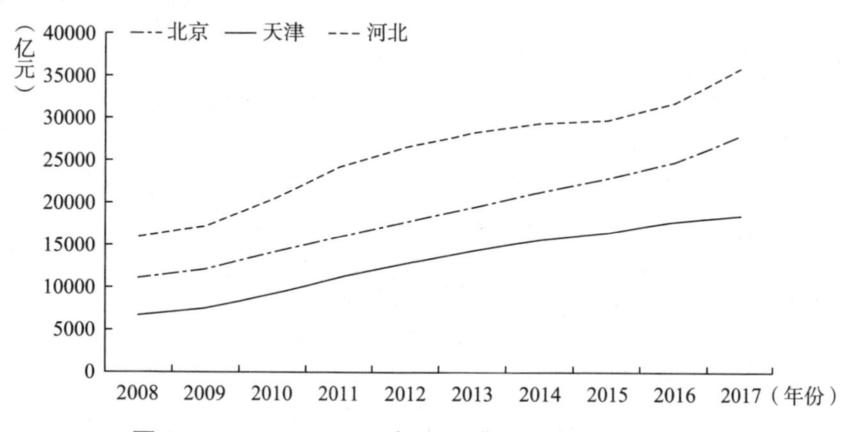

图3－1　2008～2017年京津冀三地地区生产总值

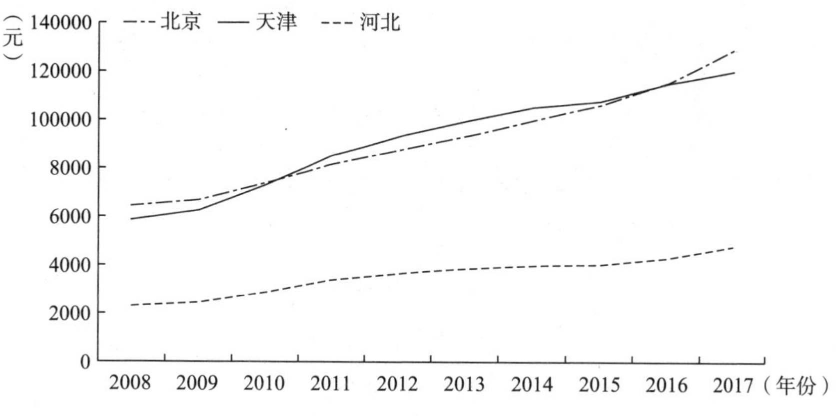

图3－2　2008～2017年京津冀三地人均地区生产总值

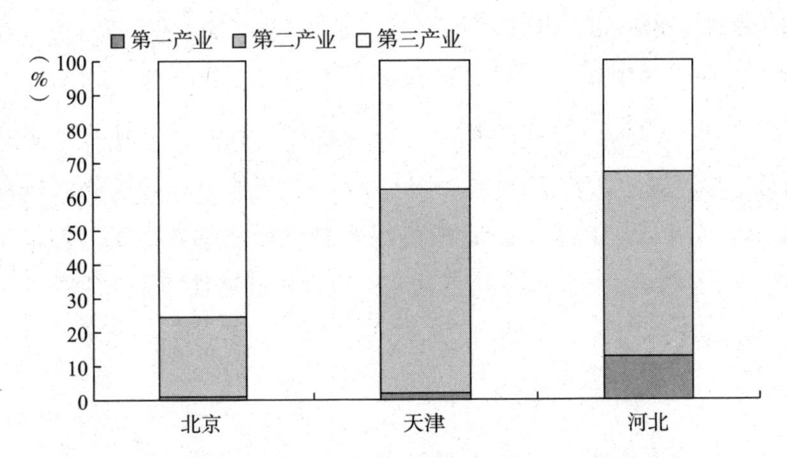

图 3-3　2008 年京津冀三地的三次产业结构对比

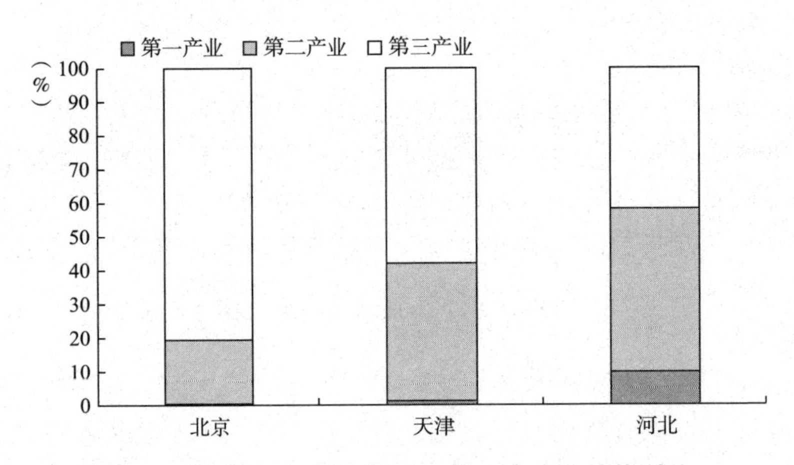

图 3-4　2017 年京津冀三地的三次产业结构对比

从消费角度来看，京津冀三地居民 2017 年的人均消费支出分别达到 37425 元、27841 元和 15437 元，增长率分别是 5.7%、6.6% 和 8.3%。尤其是北京和天津的居民人均消费支出水平在全国已经排到了第 2 位和第 3 位。从城乡角度来看，三个地区的城镇居民人均消费支出分别达到 40346 元、30284 元和 20600 元，名义增长率分别为 5.5%、6.8% 和 7.8%，而农村居民人均消费支出则分别达到了 18810 元、16386 元和 10536 元，名义增长率分别为 8.5%、3.0% 和 7.5%。在消费结构方面，以旅游、娱乐和信息等精神生活为主的服务性消费在居民消费中所占比例越来越大。在消费方式方面，互联网消费持续成为居民消费热点。

2017 年，北京市实现地区生产总值 28000.4 亿元，同比增长 6.7%。分产业看，第二产业增加值为 5310.6 亿元，增长 4.6%；第三产业增加值为 22569.3 亿元，增长 7.3%。三次产业构成由 2016 年的 0.5∶19.3∶80.2，调整为 0.4∶19.0∶80.6。按常住人口计算，全市人均地区生产总值为 12.9 万元。从 2008 年到 2017 年的十年间，北京市的地区生产总值呈现快速增长态势。2017 年地区生产总值比 2008 年增长了 167%。三次产业结构由 2008 年的 1.1∶25.7∶73.2 变为 2017 年的 0.6∶19.7∶79.7，第一产业在总产出中所占比例表现为逐年下降的态势。与第一产业类似，第二产业在总产出中所占比例也呈现出逐年下降的趋势。第三产业的增长势头则最为强劲。随着经济的不断增长以及产业结构优化升级，北京已经形成了符合现代化发展规律的"三二一"结构。从人口来看，2017 年末北京市常住人口为 2170.7 万人，同比下降 0.1%。

天津市 2017 年生产总值为 18595.38 亿元，按可比价格计算，同比增长 3.6%。其中，第一产业增加值达到 218.28 亿元，同比增长 2.0%；第二产业增加值达到 7590.36 亿元，同比增长 1.0%；第三产业增加值达到 10786.74 亿元，同比增长 6.0%。三次产业结构为 1.2∶40.8∶58.0。2017 年人均地区生产总值为 12.02 万元。由此可见，近十年间天津市的经济发展呈现出迅速上升的态势，地区生产总值增长了 193%。从三次产业来看，天津的三次产业结构长期以来处于"二三一"的结构。和北京一样，天津第一产业的增长速度最低，第二产业的增长速度很快，也一直是天津的支柱产业。得益于产业结构的优化升级，天津市的第二产业在总产出中的占比逐年降低，第三产业发展最为迅速，年均增长率达到 35.2%，第三产业在地区生产总值中的比重稳中有升，已经超过第二产业成为天津经济快速增长的支柱产业，基本实现“三二一”的产业结构。截至2017年末，全市常住人口为1556.87万人，比2016年末减少5.25万人；其中，外来人口为498.23万人，占全市常住人口的32.0%。常住人口中，城镇人口为1291.11万人，城镇化率为82.93%。

河北省2017年地区生产总值为35964.0亿元，同比增长6.7%。其中，第一产业增加值达到3507.9亿元，同比增长3.9%；第二产业增加值达到17416.5亿元，同比增长3.4%；第三产业增加值达到15039.6亿元，同比增长11.3%。第一产业增加值在总产出中的占比为9.8%，第二产业增加值在总产出中的占比为48.4%，第三产业增加值在总产出中的占比为41.8%。2017年河北省人均地区生产总值达到47985元，同比增长6.0%。三次产业占比由2008年的12.6∶54.2∶33.2变为2017年的9.8∶48.4∶41.8，第一产业占比首次降至10%以下，但是第二产业占比依然最高，产业结构呈现明显的“二三一”特征。虽然近十年来，河北省积极调整产业结构，第三产业占比上升明显，第一产业和第二产业占比出现不同程度的下降，但是调整速度依然较慢，全省产业结构呈现相对落后的特点。从人民基本生活水平看，2017年河北省常住人口为7519.52万人，同比增加49.47万人。其中，城镇常住人口为4136.49万人，在总人口中所占比例（常住人口城镇化率）为55.01%，同比增加153.46万人，同比提高1.69个百分点。城镇居民人均可支配收入为21484元，比2016年增长8.9%。

总体来看，京津冀三地产业发展结构差异明显。北京市的第三产业比例最高，天津市的第二产业和第三产业呈现平衡发展态势，河北省则表现为第二产业比重高、第三产业发展缓慢，同时产业发展基础不够厚实。在三个地区中，北京市和天津市具有明显的集聚性，吸引了更多的各类资源，如人才、资金、科技等，进而促进了两地的经济快速发展。河北省则呈现出粗放式的经济发展方式，投入高，但是产出较低，造成经济发展效率和效益都比较低下，对人才、科技、资金等高端要素无法形成吸引。因此，不管是经济发展水平，还是产业结构，抑或是经济区位度，北京市、天津市和河北省都存在明显的差距和差异。

3.3　京津冀自然资源概况分析

3.3.1　水资源

海河流域和滦河流域是京津冀区域内最大的两个水系，海河流域覆盖北京市和天津市全部区域，河北省主要区域都被海河流域覆盖，还有一部分地区被滦河流域覆盖。海河流域由两系共五部分支流组成，海河北系主要包括永定河和北三河（蓟运河、潮白河和北运河）两条支流，海河南系则主要包括子牙河、大清河、漳卫南运河三条支流。北三河中的北运河的源头位于北京市，其起源于昌平区北部的山区；北三河中的蓟运河和潮白河的源头则都位于河北省，其中，潮白河由潮河和白河两条支流组成，蓟运河则包括泃河、州河、还乡河三条支流；永定河的源头位于山西北部和内蒙古自治区南部，包括桑干河和洋河两条支流；子牙河包括滹沱河和滏阳河两大支流，其源头位于太行山东部；大清河起源于太行山，最后注入渤海湾，其北面是永定河，南部是子牙河；作为海河流域南系的主要河道，漳卫南运河包括漳河和卫河两大支流，其源头位于太行山。滦河流域的上游（被称为闪电河）位于河北省，中游则主要位于北京市，下游及入海口则主要在天津市。其源头位于河北省丰宁县巴延屯图古尔山麓，先流经内蒙古自治区，然后流回河北省，从承德经潘家口流过长城，然后经由滦县流至冀东平原，最后从乐亭县南部进入渤海。其主要支流包括小滦河、兴洲河、伊逊河、武烈河、老牛河、青龙河等。

京津冀区域内拥有65个湖泊，其中北京市有41个湖泊，主要包括团城湖、昆明湖、圆明园湖、八一湖、玉渊潭湖、青年湖等；天津市仅有翠屏湖1个湖泊，河北省则拥有包括白洋淀、衡水湖在内的23个湖泊。该区域拥有约425万眼地下井，其中，北京市拥有8.47万眼地下井，天津市拥有25.55万眼地下井，河北省则有391万眼地下井。该区域有1193座水库，其中北京市有包括密云水库、官厅水库、怀柔水库、海子水库和白河堡水库等在内的88座水库，天津市有于桥水库、尔王庄水库、北大港水库等28座水库，河北省则有包括岗南水库、黄壁庄水库、王快水库、安各庄水库和西大洋水库等在内的1077座水库。

（1）地表水供水量

从2007年到2016年，京津冀地区地表水呈现先降后升的趋势，2007年为61.03亿立方米，其中北京市为5.67亿立方米，天津市为16.46亿立方米，河北省为38.9亿立方米；截至2016年京津冀地区地表水供应量为81.86亿立方米，其中北京市地表水继续上升，为11.29亿立方米，天津市地表水供应出现明显上升，为19.07亿立方米，河北省地表水同样出现明显上升，为51.5亿立方米。

（2）地下水供水量

从2007年到2016年，京津冀地区地下水供水量呈现逐年下降状态，2007年地下水供水量为194.08亿立方米，其中北京为24.19亿立方米，天津为6.81亿立方米，河北省为163.08亿立方米；2016年京津冀地下水供水量为147.24亿立方米，北京市下降为17.48亿立方米，天津市下降为4.73亿立方米，河北省下降为125.03亿立方米，总体来看，京津冀全区地下水供水量不断减少。

（3）再生水供水量

从2007年到2016年，京津冀再生水供水量呈现快速上升趋势。从2007年的5.57亿立方米到2016年的19.51亿立方米，其中北京市2007年再生水供水量为4.95亿立方米，2016年已达到年供水量10.04亿立方米，北京市对再生水主要用于河湖、河道用水补充；天津市

2007年再生水供水量仅为0.1亿立方米，2016年达到3.43亿立方米，且出台一系列政策推动工业再生水使用；河北再生水供给量在2007年仅为0.52亿立方米，2016年供水量已经达到6.04亿立方米，河北省再生水主要运用于建筑杂用水和城市杂用水，如冲厕、车辆冲洗、冷却用水、浇洒道路、绿化用水、消防、建筑施工。

3.3.2 矿产资源

京津冀三地拥有非常丰富的矿产资源储量，一方面，种类繁多；另一方面，各种矿产资源之间还可以形成互补使用。蕴藏大约20种金属矿产，储量最多的是铁矿。京津冀三地的铁矿石资源在全国具有非常重要的地位，其铁矿石资源储量占到全国铁矿石资源总量的14.31%。其中，北京市储量最多的矿产资源是铜矿、铁矿和煤炭，2016年的储量分别为2.66亿吨、1.45亿吨和0.02万吨。天津市的主要矿产资源为石油、天然气和煤炭，2016年的储量分别为3349.9万吨、274.91亿立方米和2.97亿吨。河北省蕴藏116种矿产资源，74种矿产资源储量已被探明，其中储量排在全国前十名的矿产资源种类达到45种，储量最多的矿产为铁矿、煤炭和石油，2016年储量分别为26.59亿吨、2.66亿吨和43.27亿吨。

2015年4月25日，中国地质调查局在中国地质调查成果主题报告会上提到北京、天津和河北三地拥有可观的矿产资源储量及勘探前景。从京津冀主要的矿产资源种类来看，河北省内分布了京津冀地区最多的铁矿资源，蕴藏储量达到该区域全部铁矿石资源的97%。截至目前，京津冀地区矿产资源的探明储量处在全国领先地位，而且开采这些矿产资源的风险相对较低，开采条件方便，具有相当可观的利用价值。京津冀地区拥有三块主要油田，分别是华北油田、渤海油田和大港油田，均为我们国家主要开采的油田，面积可观，油质优良，储量丰富。而且，渤海油田现在已经探明了超过10亿吨的石油储量。地处河北省和天津市渤海沿岸的长芦盐场是国家生产盐量最多的盐场，年均海盐生产数量达到国家海盐全部产量的25%。上述资源大量分散在京津冀各地，同时业已具备了相对完善的产业链系统，对京津冀地区发展大型综合化工产业体系提供了很好的条件。

3.3.3 土地资源

北京、天津和河北三地共占据218000平方公里的土地面积，京津冀地区的土地主要使用类型为耕地，然后是林地和建设用地。根据官方统计数据，京津冀地区全部耕地面积约为71935.8平方公里，约占土地全部面积的33%。京津冀地区的建设用地面积约为23619.8平方公里，约占全部土地面积的11%。

北京市土地面积为1.64万平方公里，山地面积占比最大，占全部土地面积的62%。2016年，北京市的建设用地面积为0.3197万平方公里，大约占全部土地面积的20%。北京市人均耕地面积大约是0.17亩，远远小于国家1.4亩的人均水平。北京市的森林覆盖率约为36%，主要位于北部和西部山区，山地森林覆盖率约为51%，平原地区森林覆盖率达到15%，说明平原地带生态质量相对较差。北京尚未利用的土地面积仅占全部土地面积的13%，多数为难以开发土地，缺乏能够用来利用的备用土地。

截至2016年，天津市全部土地面积为1.1917万平方公里，其中山地占比约为6%。建设用地面积为4143.87平方公里，占土地总面积的34.8%。耕地面积为4369.24平方公里，人均耕地面积约为0.8亩，低于全国平均水平。森林覆盖率不到10%，低于全国平均水平，生态质量较差。

截至2016年，河北省全部土地面积约为18.769万平方公里，其中，山地面积占比约为37.4%。河北省建设用地面积约为2.2万平方公里，占比约为12%。河北省耕地面积约为6.5万平方公里，占比约为35%，人均拥有1.34亩耕地，大致等同于全国平均水平。河北省的森林总面积为6.0万平方公里，占比约32%。河北省在城市土地资源利用方面具有明显的空间差异。张家口、承德等北部地区具有丰富的森林资源，森林覆盖率约为43%。耕地占比不高，人均拥有耕地2.32亩，超过全省和国家平均水平。同时，北部城市的建设用地占比最低，只有不到3%。石家庄、保定、廊坊等中部地区的可用耕地较少，人均仅拥有1.04亩；秦皇岛、唐山、沧州等东部地区人均耕地为1.32亩。

3.4　京津冀生态环境问题

3.4.1　大气环境

最近几年，京津冀三地的空气污染状况日渐加剧，雾霾天气成为常态，以致于发生了多个城市集体污染的严重问题。比如在2013年，京津冀包括北京和天津在内的九个城市出现在环保部发布的2013年全国空气污染最严重的十个城市名单中。在2013年，京津冀地区全部城市的PM2.5和PM10年均浓度都呈现超标状态，大气污染问题非常严重。同样在2013年，京津冀区域全年大概有320天的空气质量没有达标，甚至有些城市在2013年的重度及以上污染天数占据了全年大约40%的天数，大气污染现象触目惊心。2013年，环保部公布的6～12月的统计数据显示，京津冀城市群的空气污染平均超标天数大大超过长三角和珠三角区域，而且，京津冀地区的严重污染天数以及重度污染天数也远远超过长三角和珠三角区域。在2013年，对比京津冀、长三角和珠三角三个区域的地级市空气质量达标数据发现，京津冀城市群在除臭氧以外的所有指标达标率都处在最低水平。

经过实施五年《大气污染防治行动计划》，到2017年末，京津冀区域细颗粒物（PM2.5）平均浓度比2013年下降了39.6%，为64微克/立方米。其中，北京市 PM2.5 平均浓度从 2013 年的 89.5 微克/立方米降至 58 微克/立方米，有 9 个月的月均浓度为近五年同期最低水平。2017 年 10 月至 2018 年 3 月，“2 + 26” 城市 PM2.5 平均浓度为 78 微克/立方米，同比下降 25.0%，重度污染天数为 453 天，同比下降 55.4%，顺利实现《京津冀及周边地区 2017 ~ 2018 年秋冬季大气污染综合治理攻坚行动方案》中提出的下降 15% 的改善目标。但是，依然有几座城市位于全国空气质量最差的十座城市之列，京津冀区域大气环境改善任重道远。

3.4.2 水环境

在水资源方面，因为地理位置以及气候等因素，京津冀地区非常缺少水资源，水资源总量在全国占比仅为 0.5%，水资源一直供不应求。其中，北京和天津尤为缺乏水资源，两地有很高的人口密度，已经非常匮乏的水资源还要供给数量众多的人口使用。京津冀三地经常出现旱情，降雨量不大，官厅和密云两大水库蓄水量不足，几乎不具备能够调用的库容能力，而怀柔、平谷等应急水源地可用于常态维持的可利用地下水深度已经超过 40 米，下降速度为 3 ~ 5 米/年，几乎达到利用上限，同时区域应急水源地的利用还波及附近农民的水资源利用问题。而且，京津冀地区的人均水资源始终没有接近全国平均水平，人均水资源没有超过 500 立方米。

从地下水资源来看，京津冀区域超量开采地下水的情况日趋恶化，截至 2013 年，该地区业已存在的地下漏斗面积达 9 万平方公里，伴随该区域经济发展，水资源的利用开采日益增长，特别是农业方面，该区域的小麦、玉米等农作物均为一年成熟两次，遇到连续年份出现旱情时，地下水成为主要灌溉水源，京津冀目前已存在二十多个地下漏斗，还有 9 万平方公里的沉降面积，接近总体总面积的 50%，超量开采造成的地下水恢复缓慢问题以及地下水质量下降等状况，使该地区的地下水资源供给量逐年递减。

在再生水资源方面，再生水成本不高是地区水资源供给的关键补充，不过因为水质量不好，利用过程具有很多问题，如将再生水用于河湖河道用水的补充，由于渗漏等导致污染地下水源的问题。再比如利用再生水灌溉景观河道、园林绿化，会影响民众身体健康，所以该区域在大规模利用再生水方面，需要提升再生水质量，对其使用范围进行严格限制。

第四章 京津冀生态足迹综合评价体系构建

4.1 生态足迹评价指标体系的建立

4.1.1 指标体系构建的基本原则

在使用生态足迹综合评价法对京津冀地区进行分析时，需要根据一定的原则构建指标体系，这些原则保证了指标体系构建的科学性以及全面性。使用生态足迹法时，需要对生态足迹综合分析法有一个综合的了解，需要对指导生态足迹法的假设有一个基本的了解，因为生态足迹法是在这个基础上使用的，脱离了这个假设，生态足迹法计算出的结果就可能是与现实情况不符合的。

1. 生态足迹法的前提假设

（1）根据 Mathis 等（1999）的研究假设，人类可以确定自身消费的绝大多数资源及其所产生的废弃物的数量（徐中民等，2000）。这里的消费是指人们为了获得与自身福祉相关的生活资料和生产资料而对资源和环境进行的开发和利用。对资源的消费结果是资源的消耗及废弃物的产生，对环境的消费结果是环境空间的拥挤及环境质量的恶化。消费量化作为理解和干预社会的工具定义着生活的规范与标准，消费者通过量化信息的分析和干预满足个性化和精准化需求，不断促进消费行为的优化。

(2) 这些资源和废弃物的数量可以转换成相应的土地面积。一般这种土地称为生态生产性土地，指的是生态生产力的空间和物质载体，用以衡量自然资本物质和能量生产的能力，表征自然生态系统对经济发展和社会进步的支撑。

(3) 不同类型的生态生产性面积依据其生产力进行折算后，可以使用同一单位表示，一般国际上常使用公顷来表示。即每种生态生产性土地可以折算成世界相同平均生产力水平下的面积。生态生产性土地面积从生物物理量角度具体研究自然资本消费的空间，为各类自然资本提供了统一的度量基础和量化标准，这种替换的好处是极大地简化了对自然资本的统计，因此方便计算自然资本的总量。基于生态生产性土地的概念定义了生态足迹法的所有指标，并在此基础上判断人类行为对自然系统造成的压力是否处于生态系统可承受范围之内，是否可以继续按照既定行为发展经济。

(4) 土地具有单一的作用类型，生产力可以用土地面积表示，能量和面积之间可以相加，人类的需求可以用最后各土地面积的和表示。土地的作用类型既强调土地的自然属性，也强调人类在对土地进行利用和改造过程中赋予土地的社会经济属性。因此土地生产力是土地自然生产力和社会生产力的有机结合，其中土地自然过程同时包括了光、热、水等自然要素作用，土地社会过程包含了技术、劳动等要素的作用。

(5) 人类需求的总面积可以与环境提供的生态系统服务量相比较。任何研究区域的特定人口（从个人到一个城市甚至一个国家的人口）的生态足迹对应着其占用的用于生产所消费的资源与服务以及利用现有技术同化其所产生的废弃物的生物生产土地总面积，它不仅表征了人类对生物生产性产品的消费，而且可以用来衡量人类对于非生物生产性服务的利用，它可以揭示自然承载力与人类需求之间的差距以及这种差距所产生的生态环境影响。

2. 生态足迹评价基本原则

（1）可持续性原则。生态足迹法通过测定在特定的经济发展水平下，人们对于生态系统中生产性资源的需求反映人类生产生活对于地球的影响，同时将人类生存过程中对自然系统资产的需求和生态系统中支持人类生活的物质存在联系起来，通过二者的对比反映可持续性发展的内涵。生态足迹法表明，当地球提供的土地面积容纳不了人类消费这只“巨脚”时，“巨脚”代表的城市和工厂踩下的脚印就会超出可承受范围使经济发展失衡，最终其所承载的人类文明将走向崩溃。生态消费强调的是以人类整体、长远的利益统摄局部、短期的利益，协调个体与整体以及当代人与后代人的消费利益，从而使公平问题得到更加广泛的外延和更加深厚的内涵。

（2）系统性原则。系统论的基本方法是将研究对象看作一个统一整体，分析其基本结构和核心功能，研究其组成要素与环境之间的相互作用关系。系统性原则除了指导要从结构功能和发展规律等方面认识系统，更重要的意义在于通过掌握系统的结构功能和发展规律控制、管理以及优化系统，使系统向更合理、更具可持续性的方向发展。

（3）动态性原则。人类发展和自然生态系统之间存在着动态、复杂的相互作用，生态足迹反映的是经济、社会、资源、环境等要素之间结构优化和整体协同耦合的过程，这一过程离不开自组织机制、需求机制、价格机制等内生性机制和调控机制、保障机制、约束机制等外在性机制的相互联系和相互影响，并共同构成了社会可持续发展动态演化的动力机制。

（4）区域性原则。按照区域分工原则在区域内发挥比较优势，调整区域内生产要素相互作用方式，提高区域内部适应性功效，实现空间上资源的优化配置，并从区域特征出发，通过改善区域内产业、资源、产品的关联程度释放新的生产力，以一种新的运行机制和调控手段协调各方面的矛盾，进而提高区域社会经济效益和生态效益。

4.1.2 生态足迹评价指标体系

1. 耕地生态足迹指标

耕地是指种植农作物的土地，国家税务局的相关文件中有对耕地明确的定义。在生态足迹核算中，耕地是最具生产能力的生物生产性土地类型之一，也是聚集生物量最多的土地类型之一，其总面积包括可耕地面积和永久性作物用地面积两部分。耕地生态足迹反映了供人类和牲畜消费的土地总量，其计算主要是根据用来生产人类和牲畜消费的食品、纤维、饲料、油料作物和橡胶等所需要的土地面积计算得出。耕地生态足迹与草地生态足迹关系密切且相互间总会发生转化，特别是增加饲料作物的种植面积会降低对草地生态容量的需求，因此在草地生态足迹计算中包含了牲畜交易量这项指标，表示的是耕地生态足迹和草地生态足迹交易的这一部分。

2. 林地生态足迹指标

林地是指生产木材产品的人造林或天然林，主要包括乔木、竹类、灌木、沿海红树林的土地。林地是森林物质生产和生态系统服务的源泉，城市系统中的林地主要包括经济林和用于改善生态环境的生态林，但是不包括绿化用地以及铁路、公路、河流沟渠的护路、护草林。林地资源资产价值的形成是劳动力和自然条件相互作用的产物，且其资产形式不同于原煤、原油、矿石等矿业产品，具有显著的可再生性。林地生态足迹主要是根据一个国家或地区每年消费的原木、纸浆、木材产品和薪柴计算得出的，具体核算指标包括原木，苹果、梨、桃等园林水果，核桃、板栗等食用坚果，花椒等香辛料。

3. 草地生态足迹指标

草地指的是适合于发展畜牧业的土地，一般包括用来养殖牲畜以提供肉类、奶制品、服装和毛绒产品等所需要的土地面积。草地也是受人类活动影响最敏感的生态系统，一般情况下，在城市系统各种土地类型中，草地所占比例最小，并且不是提供畜牧业产品，而是提供观赏价值，因而城市草地的平均生产力较小，城市畜牧业产品的供给大多依靠外部输入。草地生态足迹的计算以一个国家或地区的牲畜数量和饲料需求量为基础，其中饲料需求部分来自饲料作物种植，部分来自牧草收获，其余部分来自草地。在草地生态足迹计算过程中，应用的具体指标包括牛肉、羊肉、牛奶、禽蛋、羊绒、羊毛、蜂蜜等。

4. 建设用地生态足迹指标

建设用地指的是建筑物以及由构筑物所覆盖起来的建成区土地，它利用的依旧是土地承载力。建设用地的主要目的是将土地作为生产、生活用地，而不是取得生物产品，建设用地主要包括军事设施用地、城乡住宅和公共设施用地、交通水利设施用地、工矿用地、旅游用地等。建设用地具有高度集约性、持续扩张性和非生态利用性的特点，因此随着人口数量的不断增长和城镇化速度的不断加快，为了协调资源保护与经济发展之间的关系，区域建设用地的容纳能力就必然成为新一轮土地利用总体规划需要重点研究和解决的问题，且随着土地集约利用程度的日益提高，单位建设用地的产出也将呈现出不断增加的趋势。建设用地生态足迹一般通过电力指标进行核算。

5. 水域生态足迹指标

水域一般情况下指的是在研究区域内当下生产生活条件下，人们对于渔业产品的消费量未折算的生物生产性的水域面积。水域生态足迹反映了一个国家或地区渔业生产对水域生态系统的需求，一般用水生生物消费的初级生产量除以每公顷水域面积收获的初级生产量估算得出。收获的初级生产量则主要依据一些水生生物的全球可持续捕捞量除以大陆架总面积计算得到。在水域生态足迹计算过程中，应用的具体指标为水产品总量，包括鱼类、虾蟹类、贝类和其他类等。

6. 化石燃料用地生态足迹指标

化石燃料用地指的是在人类生产和消费活动中用来吸收化石燃料燃烧、土地利用和化学品处理过程中释放的温室气体（主要为 CO_2）和扣除海洋吸收的那部分后所需要的林地面积。由于温室气体的排放主要来自化石燃料的燃烧，因此 WWF（世界自然基金会）也将这部分土地面积称为碳足迹，是生态足迹核算中的唯一废弃物部分。碳足迹的核算基于能源消耗的角度，描述的是全社会的能源意识和人类活动对自然环境产生的影响，衡量的是能源消耗的数量与方式等问题。

4.1.3　各类资源消费量的量化

在计算生态足迹过程中，消费项目常常被划分为两个部分：生物资源账户和能源消费账户。生物资源指的是对人类具有实际使用价值或者潜在价值的生态系统中生命有机体的总和。生物资源是一种可更新、可再生的资源，其开发目的在于最大限度地利用现有资源，并通过深加工和综合开发，提高产品附加值，促进社会经济效益和生态效益的和谐统一。

生态足迹核算中的生物资源主要包括农产品、动物产品、林产品和水产品等（任佳静，2012）。在对生物资源消费量进行量化时，通过将每类消费品总量除以该类消费品同年的世界平均产量，可以获得提供这类消费品的生物生产性土地面积，并按耕地（粮食、蔬菜、油料及水果等农产品）、林地（原木以及林产品，核桃、板栗、水果、木材等）、草地（动物产品及其相关制品，肉、奶、蛋、毛绒等）、水域（淡水鱼、海鱼等各种水产品）等分类汇总。

化石能源消费的碳元素循环过程是决定全球气候和环境变化的基本要素和动力来源。我国是世界上碳排放总量最大的国家之一，改革开放以来，我国能源消费总量持续增长，节能减排压力不断增大，产业结构调整、能源结构调整、能源效率提高成为制定碳减排决策的主要突破口。在计算过程中，根据一定的转换标准，将选定的能源消费项目的总耗能转化为化石燃料用地的生态足迹，电耗能转化为建设用地的生态足迹。

上述各消费项目的人均年消费量的计算是在消费项目类别划分的基础上进行的，消费量的计算公式为：

$$C = P_i + I_i - E_i$$

式中 C 为区域某产品的总消费量，i 为消费项目类型，P_i 为第 i 种消费项目的年生产量，I_i 为第 i 种消费项目的年进口量，E_i 为第 i 种消费项目的年出口量。

人均年消费量的计算公式为：

$$C_i = \frac{(P_i + I_i - E_i)}{N}$$

式中 N 为地区总人口数量，C 为区域某产品的总消费量，i 为消费项目类型，P_i 为第 i 种消费项目的年生产量，I_i 为第 i 种消费项目的年进口量，E_i 为第 i 种消费项目的年出口量。

4.2 各类土地及水域生态足迹及承载力的计算步骤

1. 生态容量与生态承载力

生态容量是指一个国家或地区拥有的生物生产性土地和水域的面积总量。以往的生态容量研究主要集中在人口承载力或人口容量的研究上，即探讨一定时期内，在不损害区域环境质量和破坏资源永续利用能力的前提下，一个地区的消费资料能持续供给、生产资料能持续容纳的全体人口正常发展目标下的人口数量。人口容量强调的是在维持生态平衡的条件下所能供养的最大人口数，反映了资源环境在经济承载和人口承载之间的互动与平衡。然而，现实中一个地区的生态容量除了受人口规模的影响外，还受贸易、技术、消费模式等因素共同作用下的人类活动规模的影响，这表明，单从人口数量一个方面衡量生态容量较为片面，生态容量的研究应从人类怎样才能保障地球的承受力进而支持人类未来生存的角度展开。

基于生态生产性土地面积的生态容量计算方法也称为生态容量计算的土地面积法，由于耕地、林地、草地、建设用地和水域这五类生态生产性土地的生态生产力不同，需进行调整将其转化为具有相同生态生产力的土地面积。土地面积法认为，生态容量的基础是耕地、林地、草地、建筑用地和水域的实际拥有面积，计算结果通过产量调整和等量化处理最终得到，并在生态容量计算时扣除了12%的生物多样性保护面积。另外，虽然建设用地不生产资源，但建筑物和基础设施的建设覆盖了具有生态容量的土地，因此在生态容量的计算时包含了建设用地这一土地类型。由于化石能源的消耗，人类没有储备一定数量的土地补偿自然资本的损失，碳吸收过程占据了林地的生态容量，因此在计算过程中将化石燃料用地的生态容量定为0，以避免重复计算情况的发生。

不同类型土地在生态生产力评价时差异较大，而均衡因子则实现了不同类型的生物生产性土地面积向可直接进行国家或地区间比较的均衡面积的转化，因此均衡因子反映了环境本身所具有的或内在的生产力，但不包含现行的管理水平和生物生产效率。区域间自然环境和生产条件的差异使同类生态生产性土地的生产力之间也存在显著差异，而产量因子则解决了不同国家或地区同类生物生产面积所代表的平均产量无法进行比较的问题。

表4－1是2016年世界各土地利用类型总面积。

表4－1　2016年世界各土地利用类型总面积

土地利用类型	世界总面积（10^3hm^2）
耕地	1537493
林地	4044222
草地	3374139
水域（内陆水域）	457490
建设用地	171349

2. 人类负荷与生态足迹

人类负荷是由人口自身的规模和对环境的影响程度共同决定的（蒲仕刁，2005）。生态足迹分析法衡量人类负荷，就是人类为了维持生存必须消费各种产品、资源和服务，人类的每项最终消费都可以追溯到提供生产该项消费所需的原材料与能量的生态生产性土地的面积。因此，从理论上来说，生态足迹就是为维持某一物质的消费水平，一定区域内人类系统的所有消费都可以折算成相应的生态生产性土地面积。

3. 生态赤字与生态盈余

生态赤字或生态盈余是生态足迹与生态承载力做差得到的结果。当一个地区的生态承载力小于生态足迹时，则为生态赤字，反映出该地区人类负荷超出了生态容量，表明该地区发展模式处于相对不可持续状态。反之，则表现为生态盈余，反映出该地区生态容量可以支持其人类负荷，表明该地区发展模式处于可持续状态（蒲仕刁，2005）。

4.2.1　生态足迹的计算

生态足迹的计算一般包括以下几个主要步骤。

（1）对区域内的消费项目按生物资源类型对应划分为六种主要类

型，在此基础上，计算各生态生产性土地上主要消费项目的人均年消费量。

（2）计算六种生态生产性土地对应的各种消费项目的人均占用生态生产性土地面积，其计算公式为：

$$生态生产性土地面积 = \frac{某消费项目人均年消费量}{单位年均生产量}$$

（3）计算各类人均生态足迹总和：

$$ef = \sum r_j \times A_i = \sum \frac{r_j \times (P_i + I_i - E_i)}{Y_i}$$

式中 Y_i 为对应的生态生产性土地生产第 i 项消费项目时的年平均生产力。

（4）计算总生态足迹：

$$EF = ef \times N$$

式中 N 为地区总人口数。

4.2.2　生态承载力的计算

生态承载力的计算一般包括以下几个主要步骤。

（1）计算生态生产性土地面积。该指标一般根据相关统计资料或通过实地测量得到。

（2）计算生产力系数。生态生产性土地面积由于不能直接进行比较，因此须先计算生产力系数以将其转化为全球平均水平，计算公式为：

$$生产力系数 = \frac{区域某类土地产品单位平均产量}{该类土地产品全球平均产量}$$

（3）计算均衡因子。均衡因子也称为等价因子，能够将不同类型的生态生产性土地面积转化为具有相同生态生产力的土地面积，实质是便于加总求和的转化因子。其计算公式为：

$$均衡因子 = \frac{全球该类土地平均生态生产力}{全球所有生态生产土地平均生态生产力}$$

由于生态生产力用实物表达的均值不能直接比较，故一般用货币价值体现。

各类用地类型的平均生态生产力会随着科学技术的不断进步以及人类活动影响的变化，各类不同类型的土地生态生产性等价因子也会随之产生变化，因此，不同时间的等价因子的值会有所变化。表 4-2 为不同学者和机构提出的均衡因子数据，本书为方便进行区域间和国际生态足迹的比较，各地区生态足迹的计算统一采用 Global Footprint Network 于 2016 年提出的均衡因子数据。

表 4-2　不同学者、机构计算的均衡因子

序号	耕地	林地	草地	水域	建设用地	化石能源
1	2.80	1.10	0.50	0.20	2.80	1.10
2	2.21	1.34	0.49	0.36	2.21	1.34
3	1.74	1.41	0.44	0.35	1.74	1.41
4	2.52	1.28	0.43	0.35	2.52	1.28

资料来源：Global Footprint Network 于 2016 年提出的均衡因子数据。

（4）计算各类生态生产性土地的人均生态承载力。其计算公式为：

$$ec = a_j \times r_j \times y_j$$

式中 ec 表示的是人均生态承载力，a_j 为第 j 类生态生产性土地面积，r_j 为不同生态生产性土地的均衡因子，y_j 为不同生态生产性土地的产量因子（见表 4-3）。

表 4-3　各类生态生产性土地产量因子

土地利用类型	产量因子
耕地	1.32
草地	1.93
水域	1.00
建设用地	1.32
林地	2.55

资料来源：郭秀锐、杨居荣、毛显强：《城市生态足迹计算与分析——以广州为例》，《地理研究》2003 年第 5 期，第 654～662 页。

（5）计算区域总生态承载力：

$$EC = (1 - 12\%) \times ec \times N$$

式中 12% 为计算过程中扣除的生物多样性保护面积。

4.2.3　生态赤字/生态盈余的计算

生态赤字/生态盈余反映的是在计算期内，所研究地区的生态状况，它是生态足迹和生态承载力比较的结果，计算公式为：

生态赤字/生态盈余 = 人均生态承载力 - 人均生态足迹

若结果大于 0，则为生态盈余；若结果小于 0，则为生态赤字。

4.3　大气、水承载力指标体系的建立

本节主要研究京津冀大气容量和承载力以及水生态足迹和承载力，遵循指标体系构建的原则，设置两个目标层，大气生态以及水生态。借鉴过去学者们对于生态足迹和生态承载力定义的研究成果，选定的指标体系见表 4-4。

表 4-4 指标体系的构建

目标层	影响层	解释层	变量
大气状况	大气环境容量	单项指标的环境实际值	SO_2、NO_2、PM2.5、PM10
		单项指标的环境标准值	SO_2、NO_2、PM2.5、PM10
	大气承载力指数	单项承载力得分	SO_2、NO_2、PM2.5、PM10
水资源状况	水生态足迹	水资源生态足迹	耗水量
		水产品生态足迹	淡水产品量
		水净化生态足迹	化学需氧量
	水生态承载力	污染稀释净化需水量	水资源总量

资料来源：笔者整理。

4.4 大气、水资源承载力的计算

4.4.1 大气容量及承载力测算

本章主要采用大气环境容量指数和大气环境承载力指数研究京津冀大气环境容量与环境承载力。

1. 大气环境容量

$$p_i = \frac{C_i0 - C_i}{C_i0} \times 100\%$$

式中：p_i 为环境容量，单位为%；C_i0 为该单项指标的环境标准值，单位为 mg/m^3；C_i 为该单项指标的实际指标值，单位为 mg/m^3。

2. 大气环境承载力指数

$$CSI = \sum_{i=1}^{n} G_i W_i$$

式中：CSI 为大气环境承载力指数，G_i 为单项承载力得分，W_i 为其相应权重，$i=1$，2，3。在本章中，各项指标得分在综合得分中的比重分别均占1/4，故在计算时可直接按总分计量。CSI越大，表明大气承载力指数越大。

4.4.2 水资源生态足迹及承载力测算

在研究水资源的使用以及水资源的承载力状况时，本章主要使用了生态足迹法。计算公式为：

$$EF_W = EF_{FW} + max(EF_{WW}, EF_{WP})$$

其中EF_W为水资源生态足迹（hm^2），EF_{FW}为淡水资源生态足迹（hm^2），EF_{WW}为水净化生态足迹（hm^2），EF_{WP}为水产品生态足迹（hm^2）（刘子刚等，2011）。

1. 水资源生态足迹

$$EF_{fw} = N \times AEF_{fw} = N \times \varphi'_w \times (AC_{fw}/AP_w) = \varphi'_w \times (TC_{fw}/AP_w)$$

公式中的EF_{fw}为水资源生态足迹（hm^2），N为人口数，AEF_{fw}为人均水资源生态足迹（hm^2），φ'_w为全球水资源均衡因子（王俭等，2012），本章选取水资源均衡因子为5.19。AC_{fw}为人均水资源消耗量（m^3），AP_w为全球水资源平均生产能力（m^3/hm^2），本章选取的全球水资源平均生产能力为3140m^3/hm^2，TC_{fw}为水资源消耗量（亿立方米）。

2. 水产品生态足迹

$$EF_{wp} = N \times AEF_{wp} = N \times (AC_{wp}/AP_{wp}) = \varphi_w \times (TC_{wp}/AP_{wp})$$

公式中EF_{wp}为水产品生态足迹，AEF_{wp}为人均水产品生态足迹，φ_w为全球水域均衡因子，本章选取刘某承和李文华2009年计算的我国平均水域均衡因子值0.35。AC_{wp}表示的是人均水产品的消费量（万吨），AP_{wp}表示的是全球水产品的平均生产能力，本章中参考了国际通用的参数0.18t/hm^2。TC_{wp}为总的水产品消费量，因为每年水产品的消费量确定比较困难，我们假定该年生产出来的水产品都用于消费，也就是说用水产品生产总量代替水产品消费总量。

3. 水净化生态足迹

$$EF_{ww} = N \times AEF_{ww} = N \times (AC_{ww}/AP_w) = \varphi'_w \times (TC_{ww}/AP_w)$$

公式中 EF_{ww} 为水净化生态足迹（hm^2），AEF_{ww} 为人均水净化生态足迹（hm^2），AC_{ww} 为人均污染稀释净化需水量（m^3），TC_{ww} 为污染稀释净化需水量（m^3）。φ'_w 为水资源均衡因子，本章取 5.19（孙学颖等，2015）。

其中 $TC_{ww} = \dfrac{86400 \times W}{31.536 \times K \times C_S}$，公式中 W 为污染物排放量，本章中选取化学需氧量 COD 的排放量。K 为污染物综合降解系数（1/d），根据《全国水环境容量核定技术指南》和有关参考文献，本章中北京市 K_{COD} 取 0.1（1/d），天津市 K_{COD} 取 0.2（1/d），河北省 K_{COD} 取 0.3（1/d）。

4. 水生态承载力足迹

$$EC_W = N \times ec_w = \pi \times \varphi'_w \times \gamma_w \times Q_w/AP_w$$

公式中 EC_w 为水生态承载力（hm^2），N 为人口数，ec_w 为人均水生态承载力（hm^2），π 为水资源合理开发利用率，本章中取 0.4。有关专家表明，想要维护一个地区的生态系统和生物多样性，水资源的开发利用率超过 30% ~40%，否则有可能引起生态环境的恶化。φ'_w 为水资源的均衡因子，本章取 5.19。γ_w 为当地水资源的产量因子，Q_w 为当地水资源总量（m^3），AP_w 为全球水资源平均生产能力，本章取 3140（m^3/hm^2）（林彤等，2014）。其中 $\gamma_w = v/v_g$，v 为各地区的产水模数，即单位面积产水量。v_g 为全球单位面积产水量。其中产水模数为各地区水资源总量与地区面积的比值。

第五章　京津冀生态足迹与资源承载力评价

5.1　京津冀各类土地与水域生态足迹及承载力评价

5.1.1　北京市 2010～2015 年生态足迹

1. 2010 年北京市生态足迹法分析结果

生态足迹法综合考虑了人均生态足迹、人均生态承载力，以及用两者之间的对比结果表示的生态盈余或生态赤字。

人均生态足迹结果反映了社会经济发展对自然资源的需求状况，如图 5－1、图 5－2 所示。2010 年北京市人均生态足迹为 2.46hm^2，其中化石燃料用地生态足迹总量最高，为人均 2.01hm^2，占总生态足迹的 82%，其次为建设用地生态足迹总量，为人均 0.15hm^2，占总生态足迹的 6%，林地生态足迹总量最低，为人均 0.03hm^2，占总生态足迹的 1%。

人均生态承载力结果反映了自然资源的供给状况，2010 年北京市人均生态承载力为 0.19hm^2，其中林地生态承载力最高，为人均 0.11hm^2，其次为耕地生态承载力，为人均 0.03hm^2，水域生态承载力最低，仅为人均 0.0004hm^2（见图 5－3）。

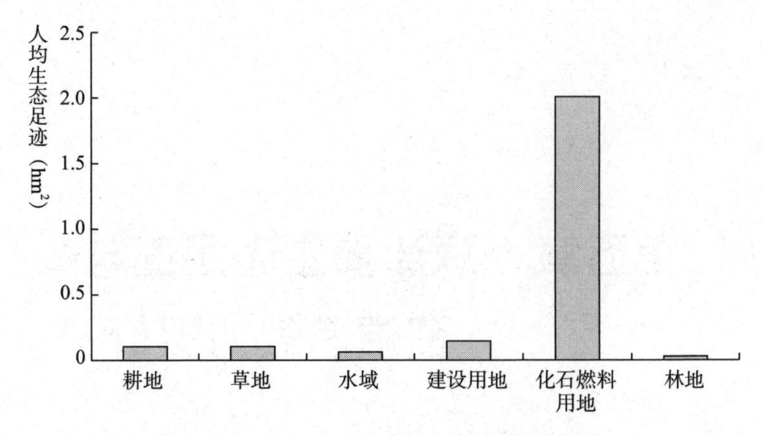

图 5－1　2010 年北京市人均生态足迹

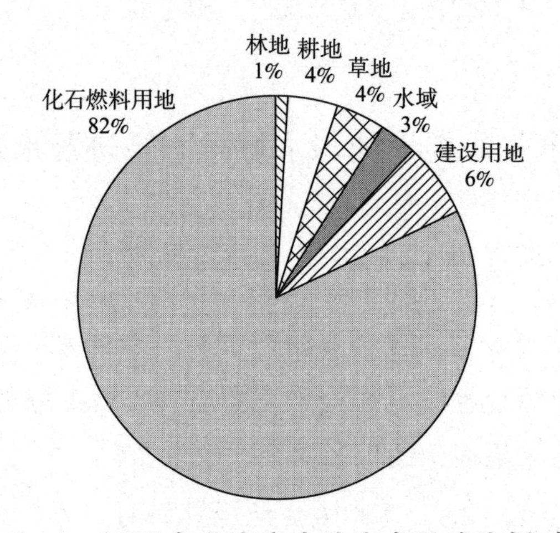

图 5－2　2010 年北京市人均生态足迹比例对比

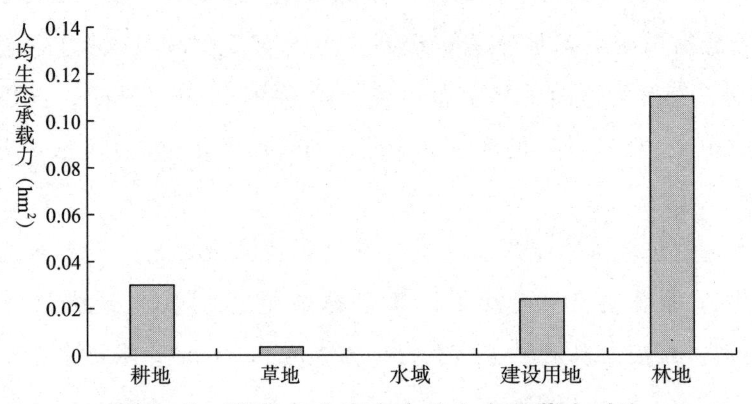

图 5－3　2010 年北京市人均生态承载力对比

2010 年北京市生态赤字总量为人均 2. 27hm²，较高的化石燃料用地生态足迹是造成北京市整体生态赤字总量较高的最主要原因。其他土地利用类型的生态赤字/生态盈余结果显示，除林地存在一定的生态盈余外，其余土地利用类型均处于生态赤字状态，其中建设用地的生态赤字总量最高，为人均 0. 12hm²，水域的生态赤字总量最低，为人均 0. 06hm²（见图 5 -4）。

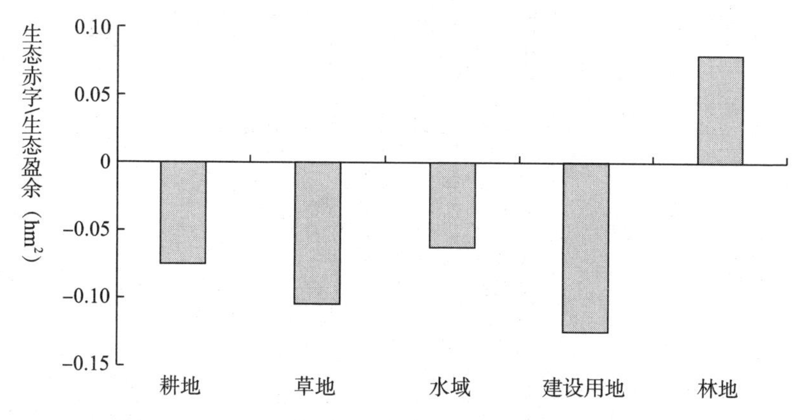

图 5 -4　2010 年北京市生态赤字/生态盈余状况

2. 2015 年北京市生态足迹分析结果

2015 年北京市人均生态足迹总量为 2. 03hm²，相较 2010 年出现了一定程度的下降，五年间下降了人均 0. 43hm²，化石燃料用地人均生态足迹总量在全部土地利用类型中仍然占比最高，所占比例下降至 77%，建设用地生态足迹相比 2010 年出现了一定程度的上升，从 2010 年的人均 0. 15hm² 上升到 2015 年的 0. 18hm²，所占比例上升至 9%（见图 5 -5、图 5 -6）。

2015 年北京市人均生态承载力总量为 0. 17hm²，和 2010 年比较，各土地利用类型的人均生态承载力排序没有变化，仍旧是林地人均生态承载力总量最高，水域最低，但是总人均生态承载力出现了小幅度的下降（见图 5 -7）。

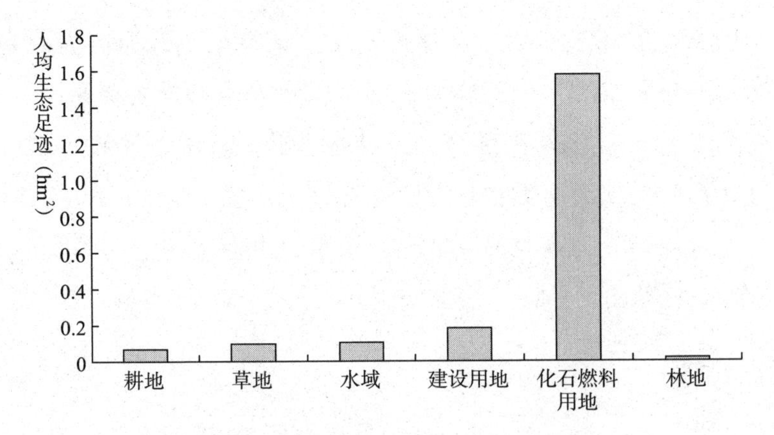

图 5－5　2015 年北京市人均生态足迹

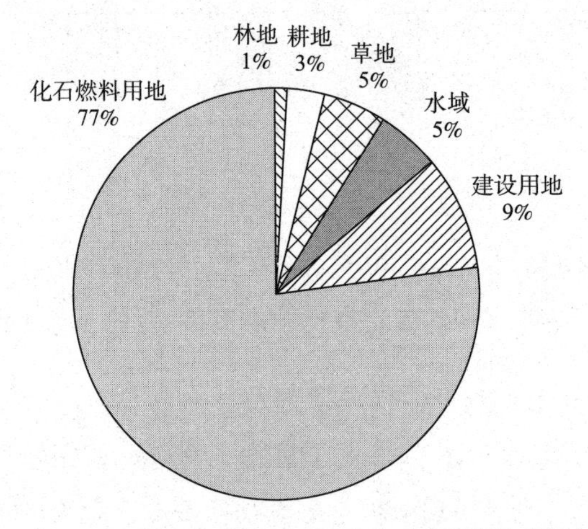

图 5－6　2015 年北京市人均生态足迹比例对比

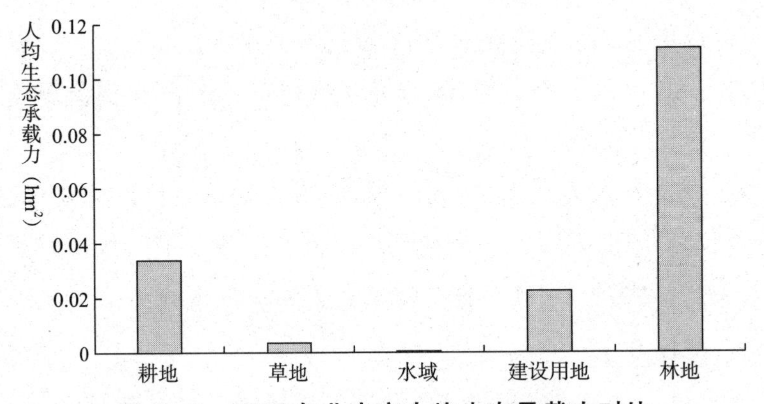

图 5－7　2015 年北京市人均生态承载力对比

如图 5 - 8 所示，2015 年北京市生态赤字为人均 1.86hm²，相比 2010 年降低了 0.41hm²，说明北京市五年间生态赤字现象得到了一定程度的改善，但社会经济发展对自然资源的索取仍然超出了生态环境的承载能力，自然资源供需矛盾仍较为突出。

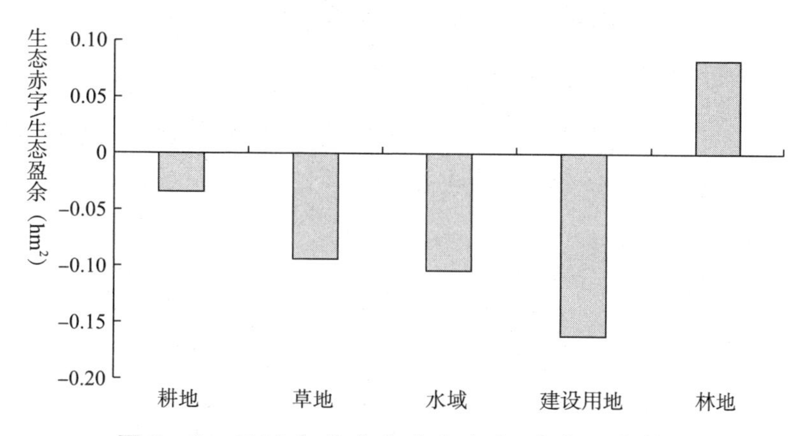

图 5 - 8 2015 年北京市生态赤字/生态盈余状况

3. 2010 ~ 2015 年北京市生态足迹变化

如图 5 - 9 所示，从 2010 ~ 2015 年北京市各土地利用类型生态足迹的变化趋势中可以看出，化石燃料用地的生态足迹总量显著高于其他土地利用类型的生态足迹总量，五年间的化石燃料用地生态足迹总量呈现下降趋势，下降幅度为 22.3%，由于其绝对量较大，因此成为五年间北京市生态

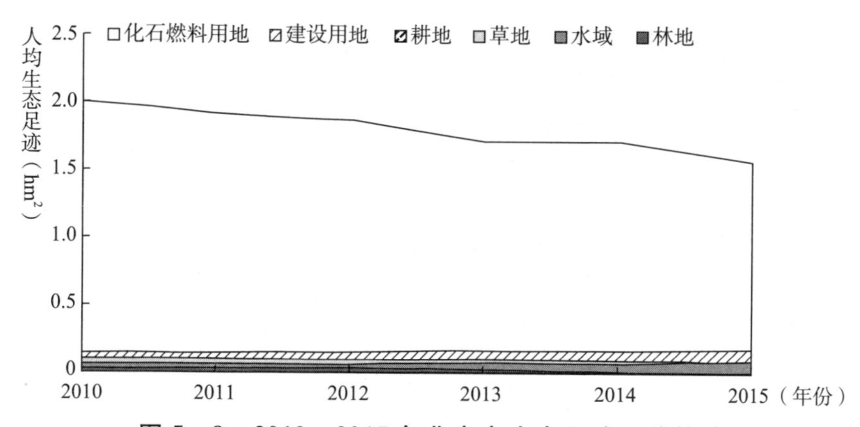

图 5 - 9 2010 ~ 2015 年北京市生态足迹组分构成

足迹总量出现下降趋势的最主要原因。其他土地利用类型中，建设用地和水域的生态足迹总量呈现出上升趋势，五年间分别上升了20%和43.2%，耕地和林地生态足迹总量呈现下降趋势，五年间分别下降了40%和33%。

2010~2015年，北京市人均生态足迹始终高于人均生态承载力。由于自然资源供给有限，因此导致长期的生态赤字现象，但从图5-10中可以看出，北京市人均生态足迹和人均生态承载力之间的差距正在逐年缩小，说明北京市近年来的社会经济发展与自然资源之间的矛盾逐渐得到缓解。2010~2015年北京市生态赤字/生态盈余变化见图5-11。

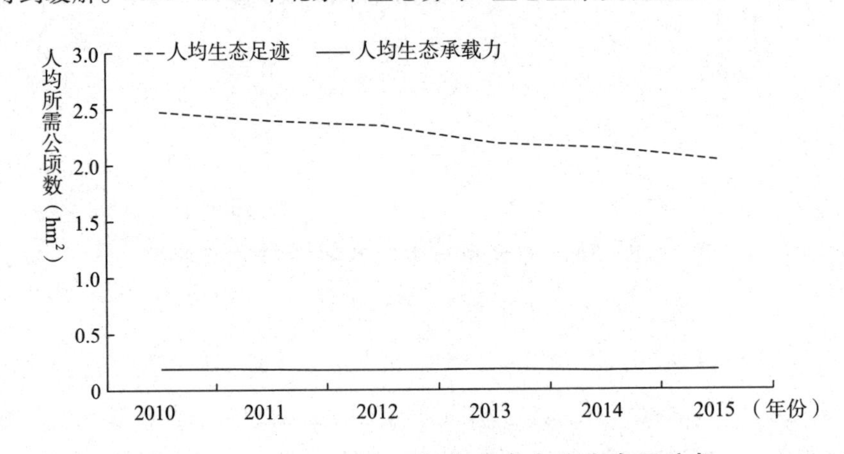

图5-10 2010~2015年北京市人均生态足迹与人均生态承载力对比

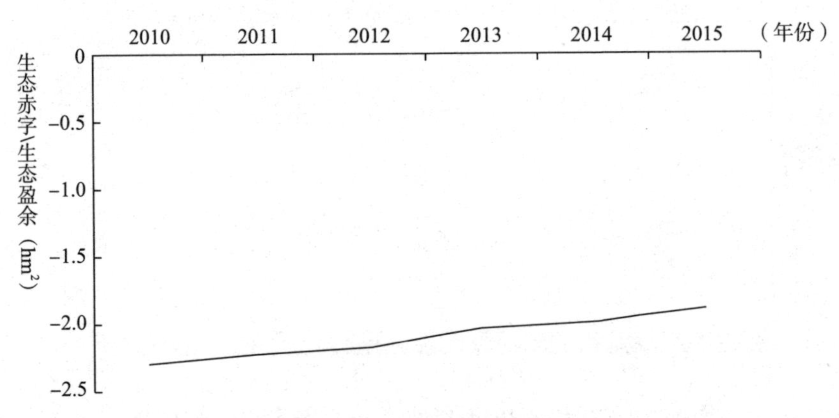

图5-11 2010~2015年北京市生态赤字/生态盈余

5.1.2 天津市2010～2015年生态足迹

1.2010年天津市生态足迹分析

2010年天津市人均生态足迹为3.21hm^2，如图5－12、图5－13所示，其中化石燃料用地生态足迹总量最高，为人均2.54hm^2，占总生态足迹的79%；其次为水域生态足迹，为人均0.3hm^2，占总生态足迹的10%；林地生态足迹总量最低，为人均0.02hm^2，占总生态足迹的1%。

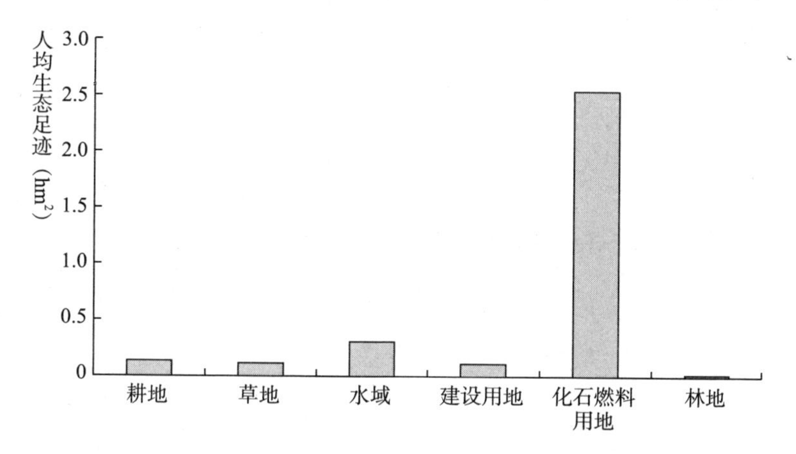

图5－12 2010年天津市人均生态足迹

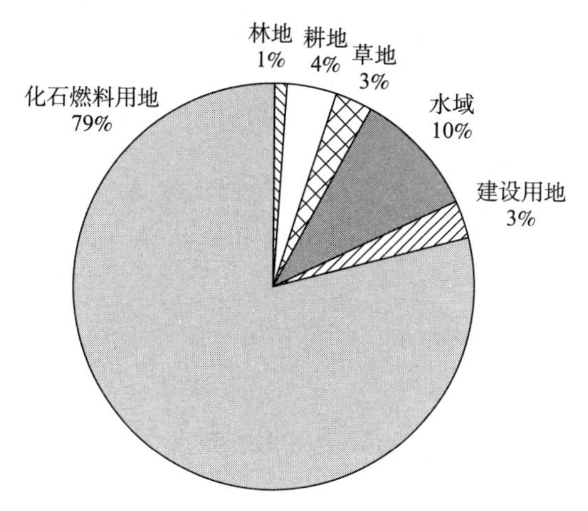

图5－13 2010年天津市人均生态足迹比例对比

2010 年天津市人均生态承载力为 0.15hm²，其中耕地生态承载力最高，为人均 0.11hm²，其次为建设用地生态承载力，为人均 0.02hm²，水域生态承载力最低，仅为人均 0.92×10^{-6}hm²（见图 5－14）。

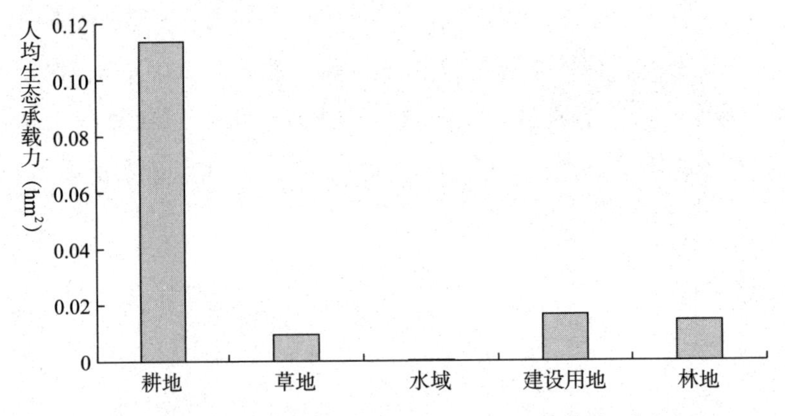

图 5－14　2010 年天津市人均生态承载力对比

2010 年天津市生态赤字总量为人均 3.06hm²，较高的化石燃料用地生态足迹是造成天津市整体生态赤字总量较高的最主要原因。其他土地利用类型均处于生态赤字状态下，其中水域的生态赤字总量最高，为人均 0.3hm²，林地的生态赤字总量最低，为人均 0.006hm²（见图 5－15）。

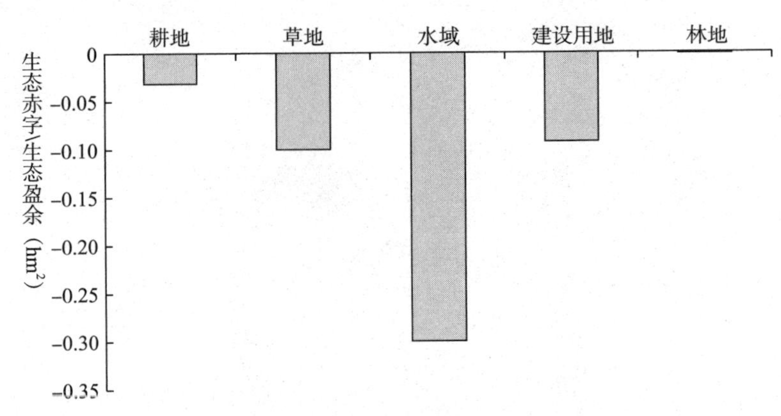

图 5－15　2010 年天津市生态赤字/生态盈余状况

2. 2015 年天津市生态足迹分析

2015 年天津市人均生态足迹总量为 2.8hm²，相较 2010 年出现了一定程度的下降，五年间下降了人均 0.41hm^2，化石燃料用地人均生态足迹总量在全部土地利用类型中仍然最高，所占比例下降至 76%，水域生态足迹相比 2010 年出现了一定程度的上升，从 2010 年的人均 0.3hm^{2}上升到 2015 年的 0.36hm^2，所占比例上升至 13%。此外，建设用地生态足迹也出现了一定程度的增长，耕地、草地和林地生态足迹相比 2010 年则出现了一定程度的下降（见图 5-16、图 5-17）。

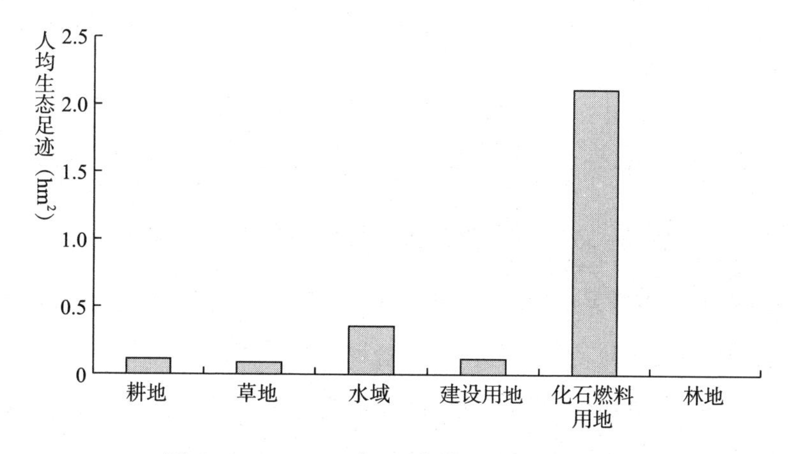

图 5-16　2015 年天津市人均生态足迹

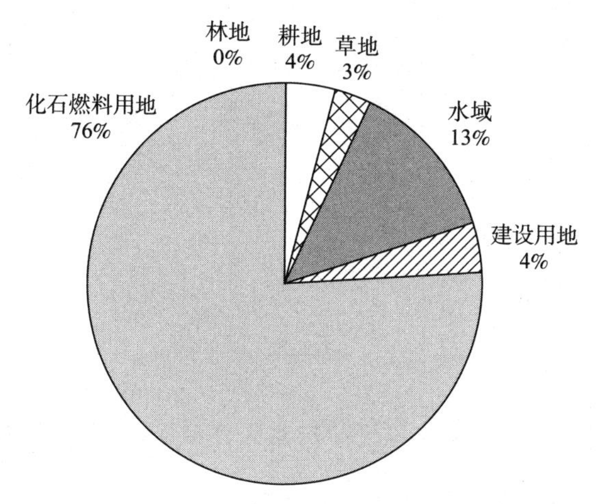

图 5-17　2015 年天津市人均生态足迹比例对比

2015 年，天津市人均生态承载力总量为 0.14hm^2，相比 2010 年出现了下降，但变化程度不大。耕地人均生态承载力总量最高，为人均 0.09hm²，水域人均生态承载力总量最低，仅为人均 0.009hm²（见图 5-18）。

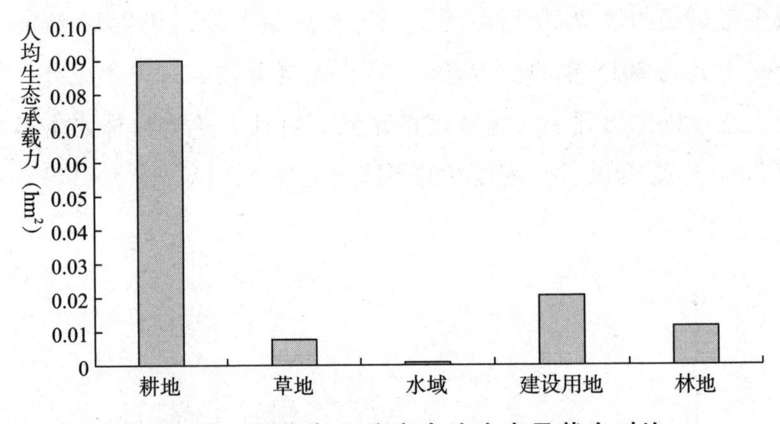

图 5-18　2015 年天津市人均生态承载力对比

如图 5-19 所示，2015 年天津市生态赤字总量为人均 2.66hm²，相比 2010 年人均降低了 0.40hm²，说明天津市五年间生态赤字现象得到了一定程度的改善，但社会经济发展对自然资源的索取仍然超出了生态环境的承载能力，自然资源供需矛盾仍较为突出。

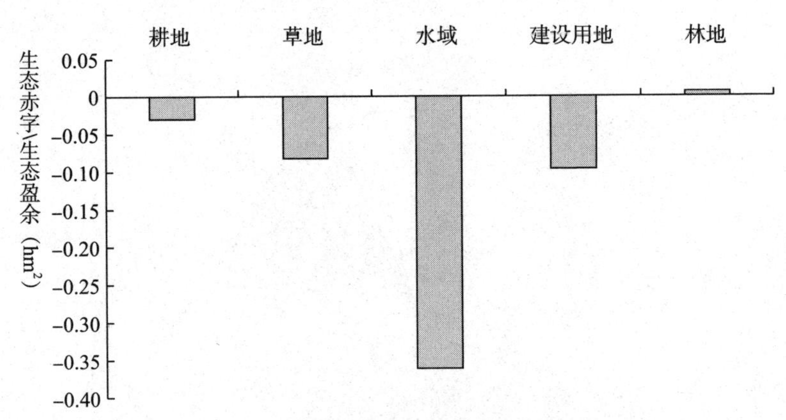

图 5-19　2015 年天津市生态赤字/生态盈余状况

3. 2010~2015 年天津市生态足迹变化

从 2010~2015 年天津市各土地利用类型生态足迹的变化趋势中可以看出，化石燃料用地的生态足迹总量显著高于其他土地利用类型的生态足迹总量，但从2011年开始，其生态足迹总量便呈现出一定的下降趋势，五年间下降幅度为16.1%，由于其绝对量较高，因此成为近年来天津市生态足迹总量出现下降趋势的最主要原因。其他土地利用类型中，建设用地和水域的生态足迹总量呈现出上升趋势，五年间分别上升了5.8%和20%，耕地、草地和林地生态足迹总量呈现下降趋势，五年间分别下降了14.3%、18.6%和72.9%（见图5-20）。

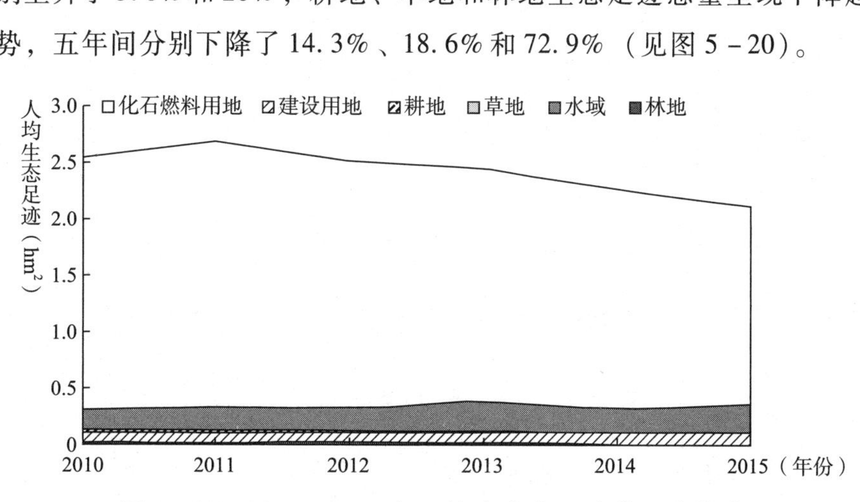

图5-20　2010~2015年天津市生态足迹的组分构成

如图5-21所示，2010~2015年，天津市人均生态承载力相比人均生态足迹始终处于较低水平。由于自然资源供给有限，因此导致长

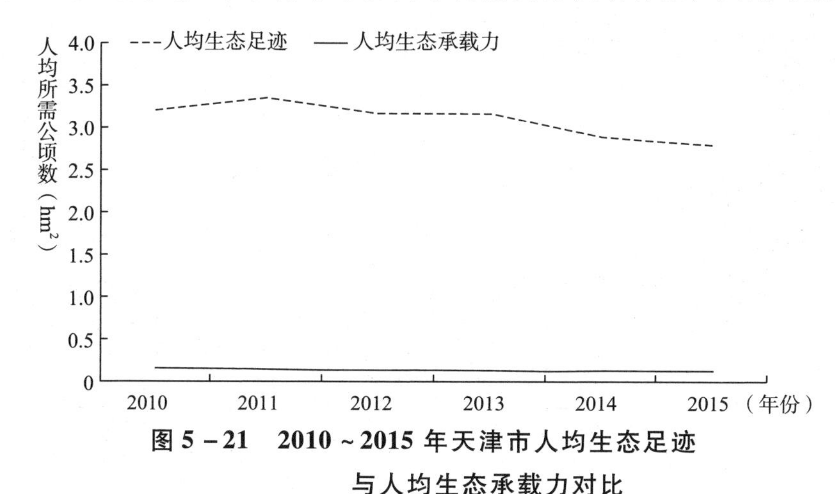

图5-21　2010~2015年天津市人均生态足迹与人均生态承载力对比

期的生态赤字现象，但从图 5 - 22 可以看出，天津市生态赤字总量呈现出波动下降的变化过程，说明天津市近年来的社会经济发展与自然资源之间的矛盾正在得到逐渐缓解。

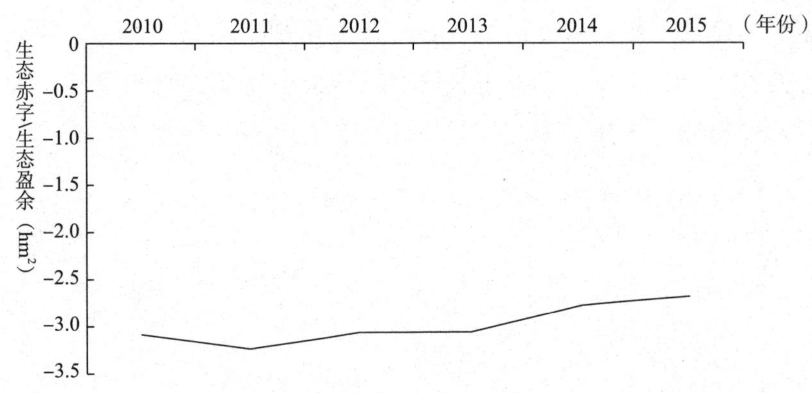

图 5 - 22　2010 ~ 2015 年天津市生态赤字/生态盈余

5.1.3　河北省 2010 ~ 2015 年生态足迹

1. 2010 年河北省生态足迹分析

人均生态足迹结果反映了社会经济发展对自然资源的需求状况，2010 年河北省人均生态足迹为 2.32hm^2，在各市的人均生态足迹总量中，唐山市的人均生态足迹最高，为人均 5.39hm^2，而张家口市的人均生态足迹最低，为人均 0.76hm^2（见图 5 - 23）。

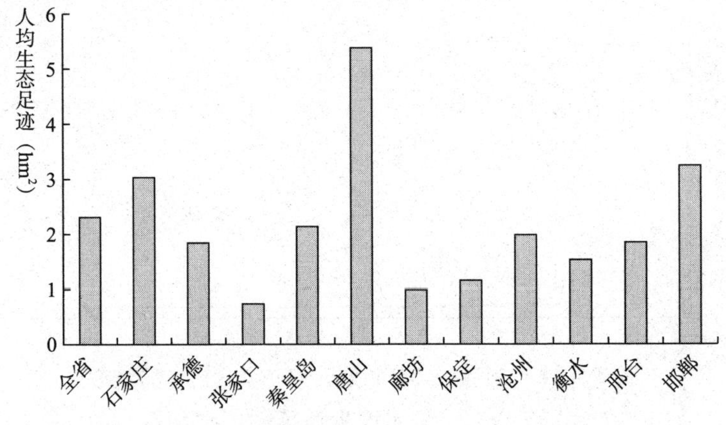

图 5 - 23　2010 年河北省及各市人均生态足迹

人均生态承载力结果反映了自然资源的供给状况，2010 年河北省人均生态承载力为 0.56hm^2，各地区中承德市的人均生态承载力最高，其次为张家口市，其他各市的人均生态承载力均低于人均 1hm^2（见图 5－24）。

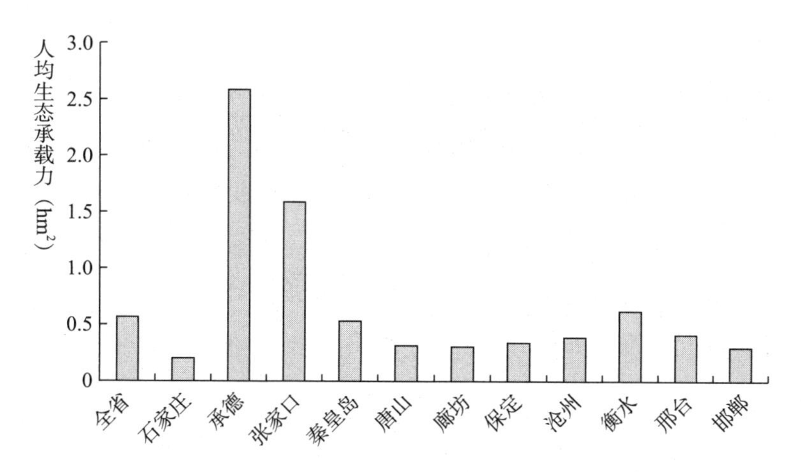

图 5－24　2010 年河北省及各市人均生态承载力

如图 5－23、图 5－24、图 5－25 所示，河北省 2010 年的人均生态足迹为 2.32hm^2，人均生态承载力为 0.56hm^2，扣除 12% 的生物多样性保护面积后为 0.49hm^2，生态赤字为人均 1.83hm^2，表明社会经济

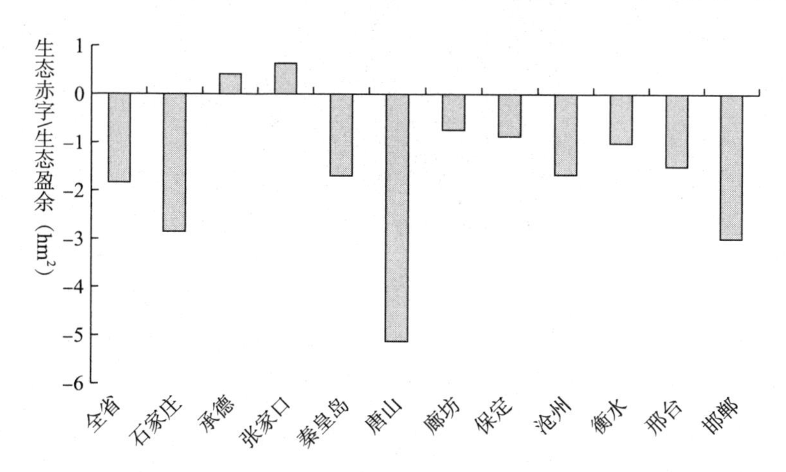

图 5－25　2010 年河北省及各市生态赤字/生态盈余分布状况

发展对自然资源的索取严重超出生态环境的承载能力，自然资源供需矛盾较为突出，生态环境处于不可持续发展状态，人地关系严峻。各地级市之间比较后可以看出，2010年处于生态盈余状态的仅有承德和张家口两个地区，其他城市均处于生态赤字状态，其中唐山市生态赤字最为严重，其次为石家庄市和邯郸市。

从比例构成来看，如图5－26、表5－1所示，河北省人均生态足迹中化石燃料用地的所占比例最大，为66%，其次为耕地，占比为21%。各地区之间除张家口市、廊坊市、保定市和衡水市耕地人均生态足迹占比最高以外，其他地区均为化石燃料用地的人均生态足迹占比最高，这说明河北省各市对自然资源的消耗主要体现在对以煤炭、石油为主的能源消耗和以农产品生产为主的生物资源消耗上，发展模式呈现出通过消耗自然资源的现存量弥补生态承载力不足的特征。

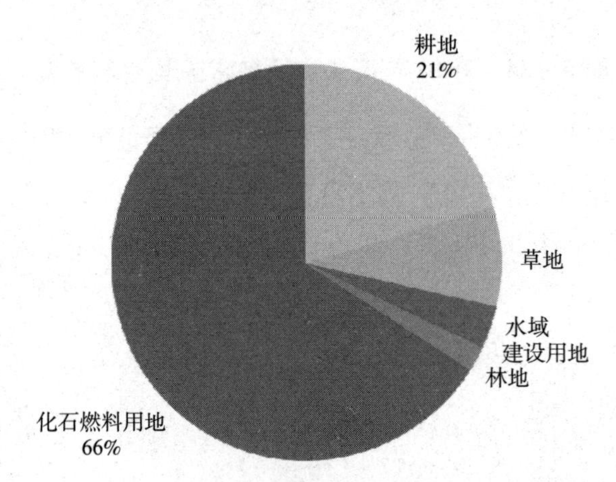

图5－26 2010年河北省人均生态足迹比例构成

表5－1 2010年河北省各市人均生态足迹结构

单位：%

地区	耕地	草地	水域	建设用地	林地	化石燃料用地
石家庄	18.77	7.86	1.28	0.22	1.53	70.35
承德	17.93	15.17	6.02	0.30	10.10	50.48

续表

地区	耕地	草地	水域	建设用地	林地	化石燃料用地
张家口	44.82	44.76	3.73	0.86	5.81	0.02
秦皇岛	15.95	14.20	1.17	0.46	3.33	64.89
唐山	11.24	6.55	6.35	0.19	1.03	74.65
廊坊	55.02	25.41	7.77	0.45	3.73	7.62
保定	43.28	16.39	4.54	0.31	2.25	33.24
沧州	29.13	7.40	2.22	0.13	2.12	58.99
衡水	51.34	16.03	1.18	0.17	3.77	27.51
邢台	28.00	6.96	0.40	0.17	1.86	62.60
邯郸	16.42	5.94	1.93	0.12	0.61	74.98

2010年河北省各市耕地生态足迹分析结果显示，张家口市和承德市耕地处于生态盈余状态，其中张家口市耕地生态盈余为人均0.28hm^2，而承德市的生态盈余总量较低，仅为人均0.006hm^2，几乎要达到耕地资源的供需平衡状态；除上述两个城市外，河北省其他各市均处于耕地生态赤字状态，耕地生态赤字最严重的三个城市分别为石家庄市、衡水市和唐山市（见图5－27）。

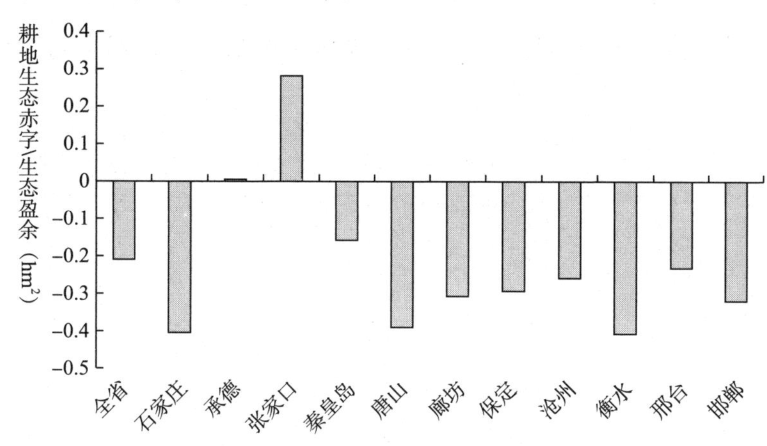

图5－27　2010年河北省及各市耕地生态赤字/生态盈余状况

2010年河北省各市草地生态足迹分析结果显示，全省各市均处于草地生态赤字状态下，其中唐山市草地生态赤字现象最为严重，达到人均 0.35hm²，其次为张家口市和秦皇岛市，分别达到人均 0.3hm² 和 0.27hm²，此外，其他各市的草地生态赤字现象也均处于较高水平，表明河北省的草地资源利用整体出现了超载的现象（见图 5－28）。

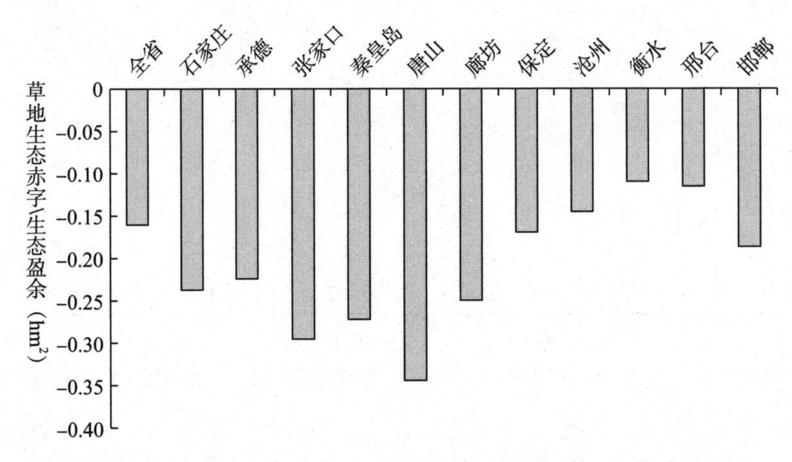

图 5－28　2010 年河北省及各市草地生态赤字/生态盈余状况

2010 年河北省各市水域生态足迹结果与草地生态足迹结果较为类似，各市均处于水域生态赤字状态下，其中唐山市的水域生态赤字现象最为严重，其结果也几乎与草地生态赤字相当且与其他城市出现了显著差异；除承德市和唐山市外，其他城市的水域生态赤字均低于人均 0.1hm²（见图 5－29）。

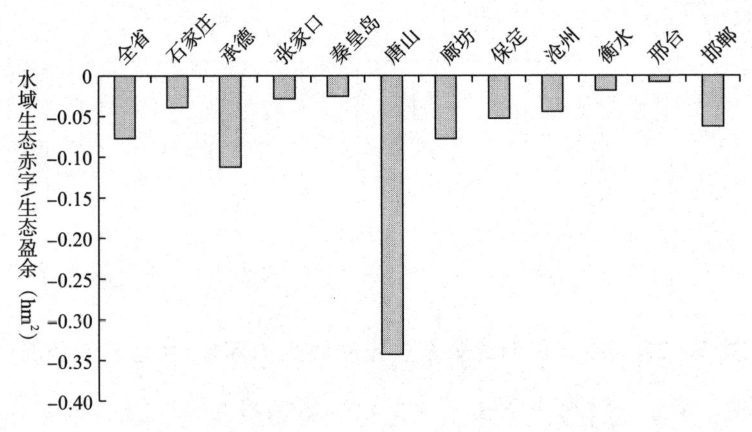

图 5－29　2010 年河北省及各市水域生态赤字/生态盈余状况

2010年河北省各市建设用地生态足迹结果显示，全省各市均处于建设用地生态赤字状态下，其中唐山市建设用地生态赤字现象最为严重，其次为秦皇岛市，表明河北省的建设用地资源利用整体出现了超载的现象（见图5-30）。

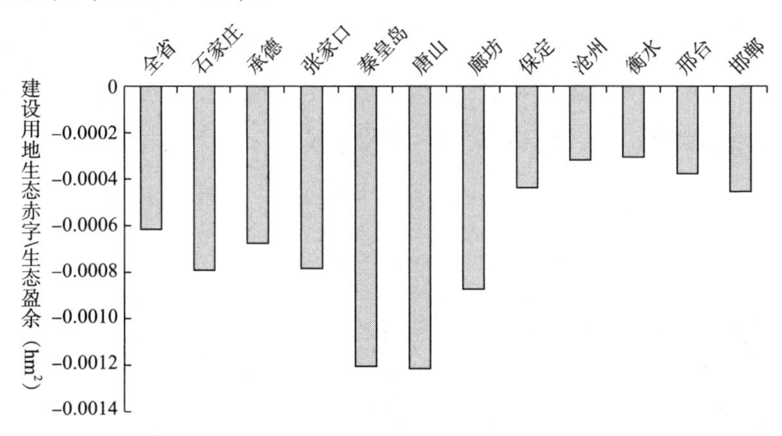

图5-30 2010年河北省及各市建设用地生态赤字/生态盈余状况

2010年，河北省林地整体处于生态盈余状态，也是唯一一类处于生态盈余状态的土地类型。在各城市中，承德市的林地生态盈余最高，为人均1.68hm^2，其次为张家口市，此外秦皇岛市、保定市、邢台市和邯郸市也均处于林地生态盈余状态，而其他各市处于林地生态赤字状态（见图5-31）。

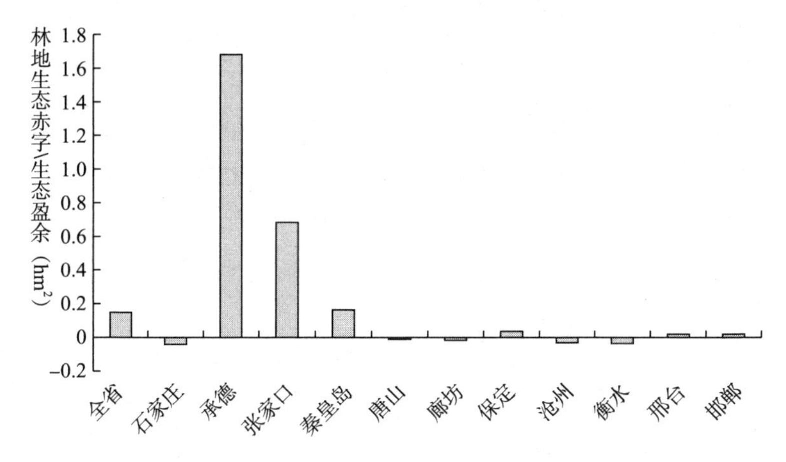

图5-31 2010年河北省及各市林地生态赤字/生态盈余状况

通过综合比较发现，2010 年耕地和草地是河北省生态赤字最严重的两类土地利用类型，加之较高的化石燃料用地的生态占用，共同导致 2010 年河北省整体处于生态赤字状态下的结果。

2. 2015 年河北省生态足迹分析

2015 年河北省人均生态足迹为 1.74hm²，相比 2010 年人均降低了 0.58hm²。在各市的人均生态足迹总量中，唐山市仍然是人均生态足迹最高的城市，人均生态足迹总量为 5.65hm²，比 2010 年提高了 0.26hm²，保定市是 2015 年河北省人均生态足迹最低的城市，为人均 1.01hm²（见图 5－32）。

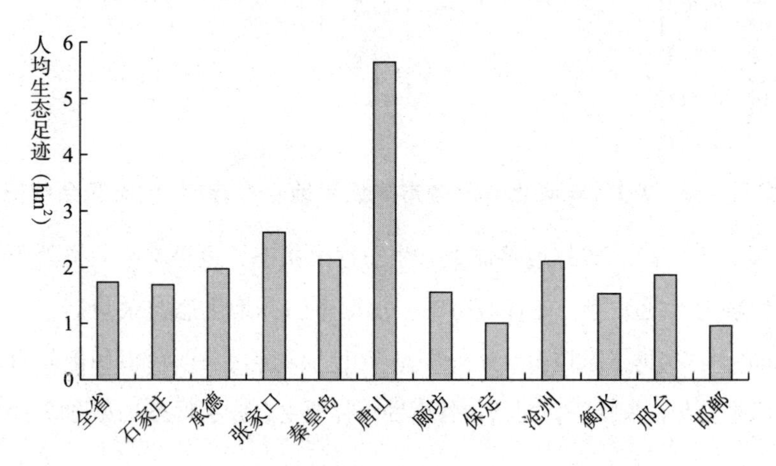

图 5－32　2015 年河北省及各市人均生态足迹

2015 年河北省人均生态承载力为 0.58hm²，相比 2010 年人均提高了 0.02hm²。各城市的生态承载力与 2010 年相比均较为接近，各地区中承德市仍然是人均生态承载力最高的城市，为人均 2.54hm²，而石家庄市的人均生态承载力最低，为人均 0.22hm²（见图 5－33）。

如图 5－34 所示，河北省 2015 年的人均生态足迹为 1.74hm²，人均生态承载力为 0.58hm²，扣除 12% 的生物多样性保护面积后为 0.51hm²，生态赤字为人均 1.23hm²，相比 2010 年生态赤字总量有所降低，但河北省社会经济发展对自然资源的索取仍处于严重超出生态环境的承载能力

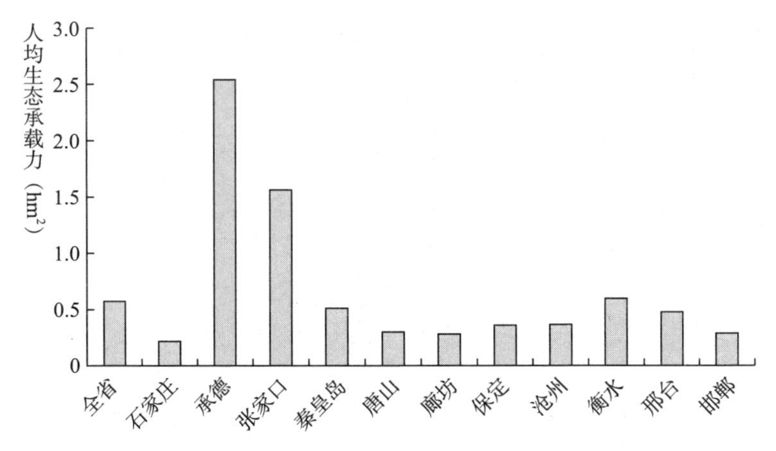

图 5-33 2015 年河北省及各市人均生态承载力

状态下，自然资源供需矛盾仍较为突出，生态环境仍处于不可持续发展状态。2015 年处于生态盈余状态的城市仅有承德市，其他城市均处于生态赤字状态，唐山市仍然是生态赤字最为严重的城市。

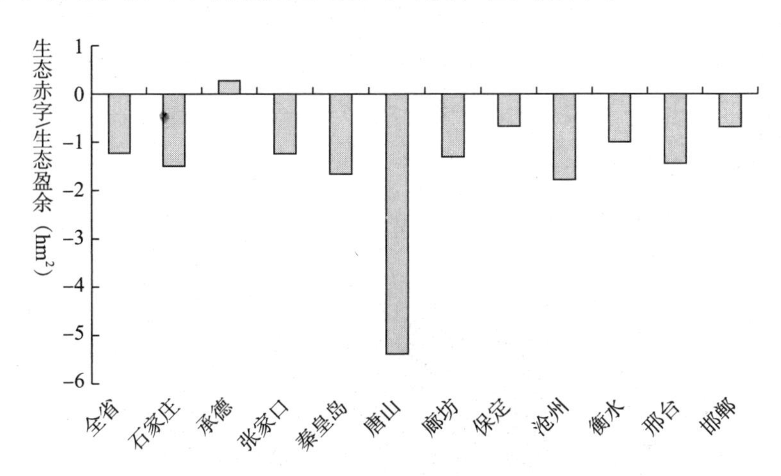

图 5-34 2015 年河北省及各市生态赤字/生态盈余分布状况

如图 5-35 所示，2010~2015 年河北省生态赤字总量得到了一定程度的下降，人均下降 0.60hm²。各地区中，张家口市由 2010 年的生态盈余转为 2015 年的生态赤字，生态赤字人均增加了 1.89hm²，邯郸市的生态赤字现象得到了明显改善，五年间生态赤字人均降低了 2.28hm²，此外石家庄市生态赤字现象也出现了较为显著的改善。

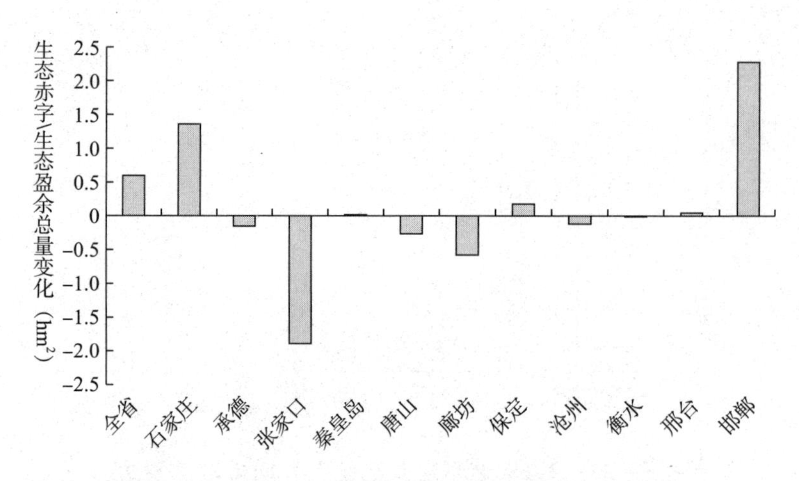

图 5－35　2010～2015 年河北省及各市生态赤字/生态盈余总量变化

2015 年，河北省人均生态足迹结构中，化石燃料用地的人均生态足迹量所占比例最高，为 50%，相比 2010 年，此土地利用类型的人均生态足迹占比出现了一定程度的下降，此外水域、林地人均生态足迹占比也均出现了下降。2015 年耕地、草地和建设用地的人均生态足迹占比相比 2010 年出现了一定程度的上升，尤其是建设用地人均生态足迹占比，由 2010 年的 0.22% 显著上升至 5.05%（见图 5－36）。

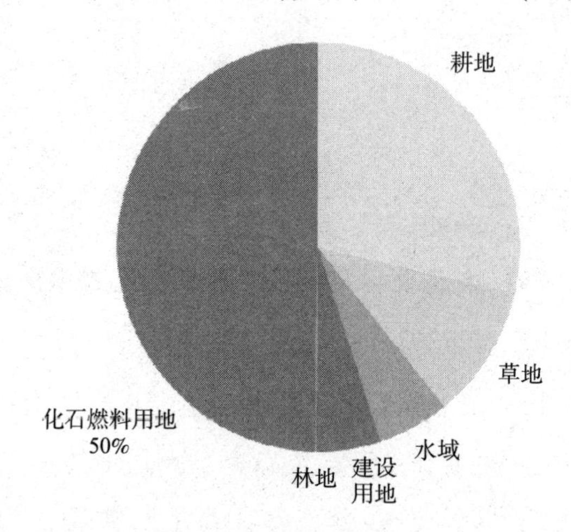

图 5－36　2015 年河北省人均生态足迹比例构成

2015年，河北省对自然资源的消耗仍主要体现在对以煤炭、石油为主的能源消耗和以农产品生产为主的生物资源消耗上，发展模式仍然呈现出通过消耗自然资源的现存量弥补生态承载力不足的特征。尽管河北省对自然资源的消耗整体特征没有出现明显变化，但其内部结构则出现了一定程度的调整。各城市中，石家庄市、保定市、衡水市和邯郸市以耕地人均生态足迹占比最高，其余城市均为化石燃料用地的人均生态足迹占比最高。其中石家庄市和邯郸市均由化石燃料用地的人均生态足迹占比最高转为耕地人均生态足迹占比最高，而张家口市则由耕地人均生态足迹占比最高转变为化石燃料用地人均生态足迹占比最高（见表5-2）。

表5-2 2015年河北省各市的人均生态足迹结构情况

单位：%

地区	耕地	草地	水域	建设用地	林地	化石燃料用地
石家庄	33.72	13.96	2.77	5.42	26.04	18.10
承德	18.50	14.66	8.03	4.79	9.07	44.95
张家口	16.18	13.34	1.57	1.73	8.11	59.08
秦皇岛	16.47	14.25	1.50	4.31	4.38	59.09
唐山	10.84	6.17	8.57	3.65	0.51	70.26
廊坊	30.86	13.40	5.88	7.01	7.35	35.51
保定	54.07	21.59	7.68	5.31	1.76	9.58
沧州	24.99	6.78	2.75	3.88	2.65	58.96
衡水	47.56	15.69	1.78	3.96	4.55	26.46
邢台	27.69	6.85	0.97	3.26	2.61	58.61
邯郸	56.47	19.43	5.42	8.74	3.73	6.21

2015年河北省各市耕地生态足迹分析结果显示，张家口市耕地处于生态盈余状态，为人均0.19hm^2，相比2010年出现了一定程度的下降；承德市耕地资源由2010年的生态盈余转为2015年的生态赤字，此外其他各市也均处于耕地生态赤字状态，其中耕地生态赤字总量最高的前三个城市分别为石家庄市、唐山市和衡水市（见图5-37）。

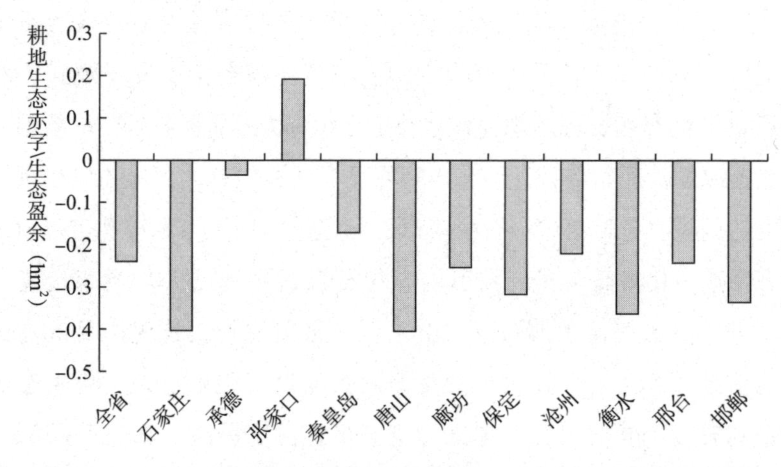

图 5－37　2015 年河北省及各市耕地生态赤字/生态盈余状况

2015 年河北省各市草地生态足迹结果显示，全省各市均处于草地生态赤字状态下，其中唐山市草地生态赤字现象最严重，达到人均 0.34hm²，与 2010 年较为接近，其次为张家口市和秦皇岛市，分别达到人均 0.31hm² 和 0.27hm²，几乎与 2010 年结果持平。此外，其他各市的草地生态赤字现象也均处于较高水平，表明河北省的草地资源利用整体出现了超载的现象（见图 5－38）。

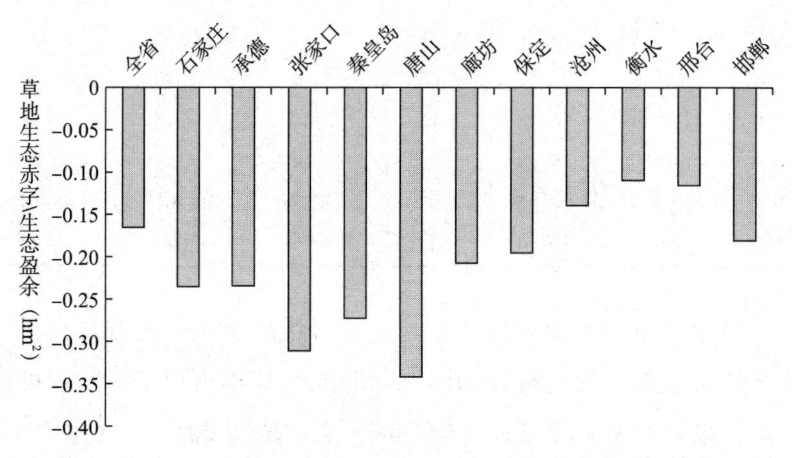

图 5－38　2015 年河北省及各市草地生态赤字/生态盈余状况

2015 年河北省各市水域生态足迹结果与草地生态足迹结果较为类似，

各市均处于水域生态赤字状态下，其中唐山市的水域生态赤字现象仍然最为严重，达到人均0.48hm²；承德市2015年水域生态赤字总量相比2010年有所扩大，其他城市的水域生态赤字均低于人均0.1hm²（见图5-39）。

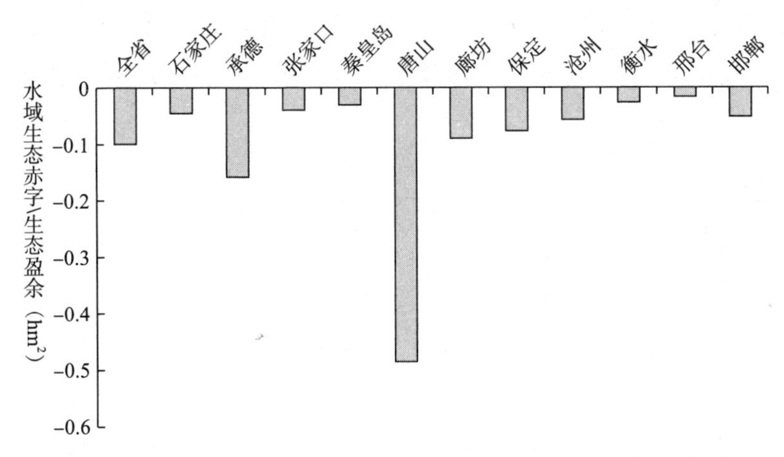

图5-39　2015年河北省及各市水域生态赤字/生态盈余状况

相比2010年，2015年各土地利用类型中，河北省及各市建设用地的生态赤字现象变化最为显著，2010年河北省及各市的建设用地生态赤字总量均低于人均0.01hm²，2015年，唐山市建设用地生态赤字总量已经达到约人均0.2hm²，其他各市的建设用地生态赤字总量也均出现了显著的增大（见图5-40）。

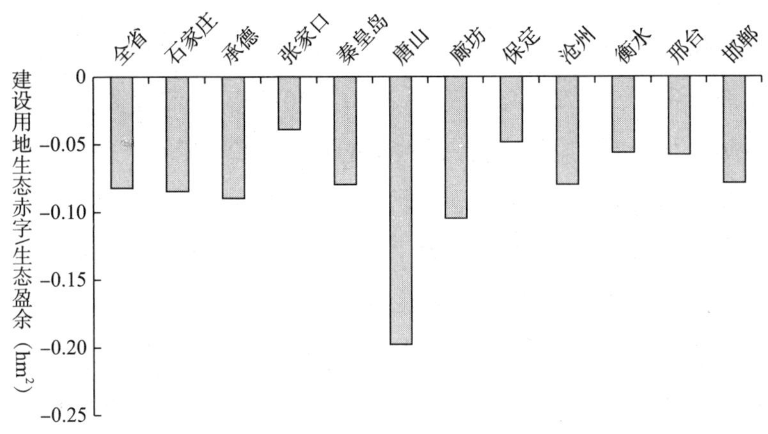

图5-40　2015年河北省及各市建设用地生态赤字/生态盈余状况

2015年，河北省林地整体处于生态盈余状态，仍然是唯一一类处于生态盈余状态的土地类型，且生态盈余总量相比2010年有所提高。在各城市中，承德市的林地生态盈余总量仍然最高，为人均1.66hm²，其次为张家口市，此外秦皇岛市、保定市、邢台市和邯郸市也均处于林地生态盈余状态，而其他各市处于林地生态赤字状态（见图5-41）。

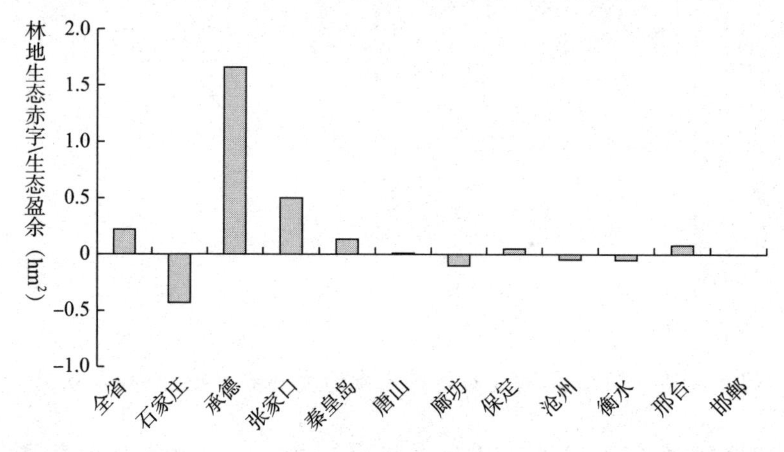

图5-41　2015年河北省及各市林地生态赤字/生态盈余状况

通过综合比较发现，2015年耕地和草地仍然是河北省生态赤字最严重的两类土地利用类型，而建设用地生态赤字出现了显著提高，加之较高的化石燃料用地的生态占用，共同导致2015年河北省整体处于生态赤字状态下的结果。

3. 2010～2015年河北省生态足迹演变分析

如图5-42、图5-43所示，2010～2015年，河北省人均生态足迹整体呈现出一定的下降趋势，六年的均值为2.08hm²/人，即河北省人均需要2.08hm²生产性土地满足环境与服务需求。2010～2015年，河北省人均生态承载力变化较为平稳，六年的均值为0.56hm²。河北省人均生态足迹为人均生态承载力的3.71倍，这说明河北省生物生产性土地无法供应人口消耗的可再生能源与服务。尽管近年来生态超载程度有所下降，但自然资源仍面临着巨大压力，生态环境仍面临着严峻挑战。

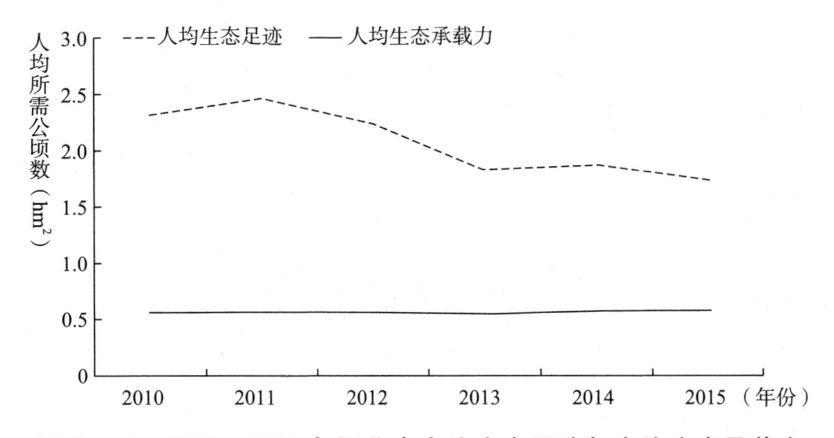

图 5－42　2010～2015 年河北省人均生态足迹与人均生态承载力

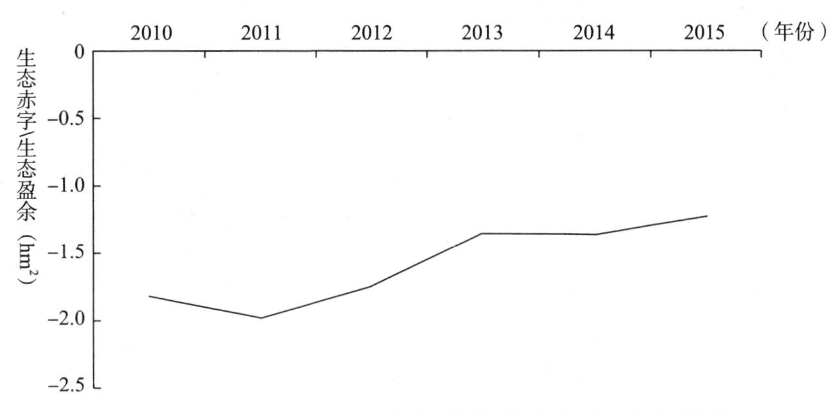

图 5－43　2010～2015 年河北省生态赤字/生态盈余

如图 5－44 所示，2010～2015 年，化石燃料用地一直是河北省生态足迹的最大组成部分，化石燃料用地也是生态足迹变化最显著的土地利用类型，在 2011 年达到最大值人均 1.58hm²，此后出现了显著下降，并在 2013 年后变化较为平稳。2011 年后化石燃料用地生态足迹的下降也是近年来河北省人均生态足迹下降的最主要原因。排在第二位的是耕地生态足迹，平均约占河北省总生态足迹的 24.78%，同草地、水域和建设用地的生态足迹一样都发生了较为平稳的变化。林地生态足迹在河北省生态足迹中所占组分最小，且呈现出先上升再下降的变化趋势，表明河北省人均消费的林业产品较少。

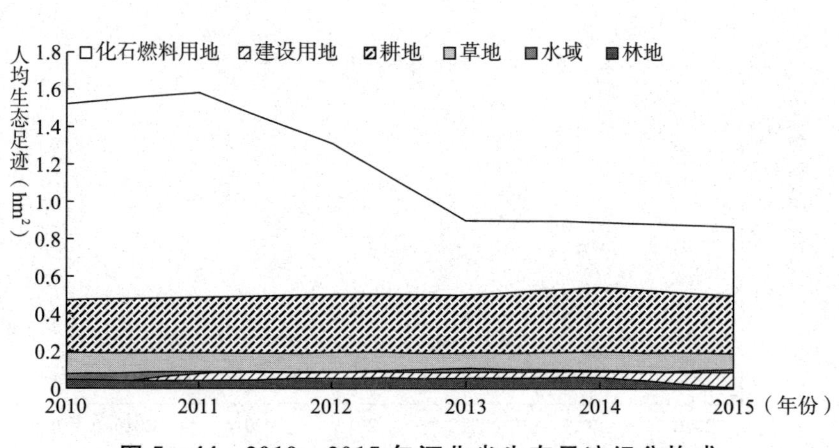

图 5－44　2010～2015 年河北省生态足迹组分构成

4. 京津冀生态足迹比较

（1）生态足迹比较

从生态足迹总量上来看，2010～2015 年京津冀地区天津市的人均生态足迹总量最高，而除 2011 年河北省生态足迹高于北京市外，其余年份河北省生态足迹总量均最低。从变化趋势上来看，三个地区的生态足迹总量均呈现出一定的下降趋势，其中天津市和河北省的生态足迹变化波动幅度较大（见图 5－45）。

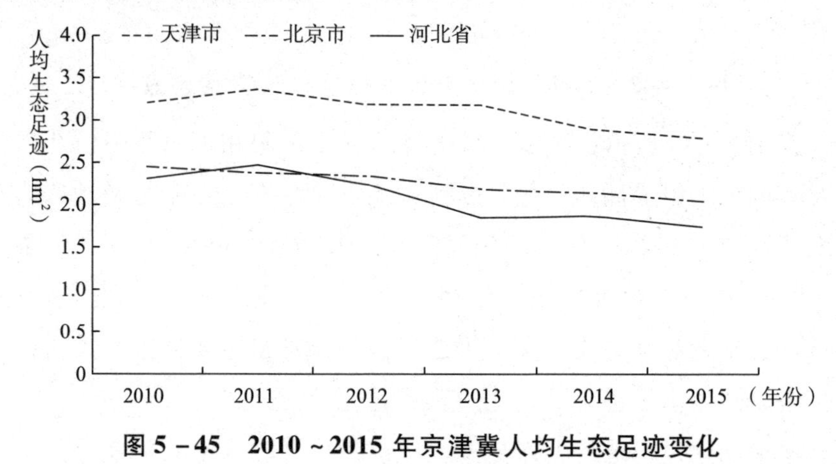

图 5－45　2010～2015 年京津冀人均生态足迹变化

如图 5－46、图 5－47、图 5－48 所示，化石燃料用地生态足迹总量偏高是京津冀地区生态足迹结构的共同特征，这也是京津冀地区生态足迹总量偏高的最主要原因。其中，天津市的化石燃料用地生态足迹总量最高，2010～2012年，河北省化石燃料用地生态足迹高于北京市化石燃料用地生态足迹，2012年后，北京市化石燃料用地生态足迹高于河北省化石燃料用地生态足迹。其他土地利用类型中，河北省耕地、草地和林地生态足迹总量最高，天津市水域生态足迹总量最高，北京市建设用地生态足迹总量最高。

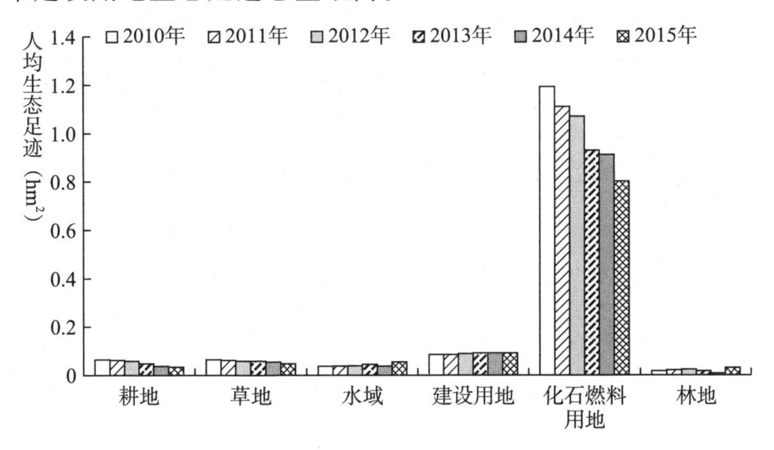

图5－46　2010～2015年北京市人均生态足迹变化

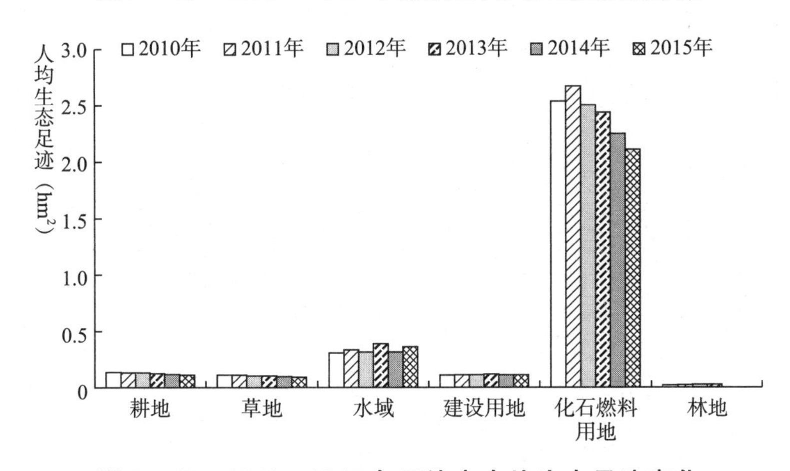

图5－47　2010～2015年天津市人均生态足迹变化

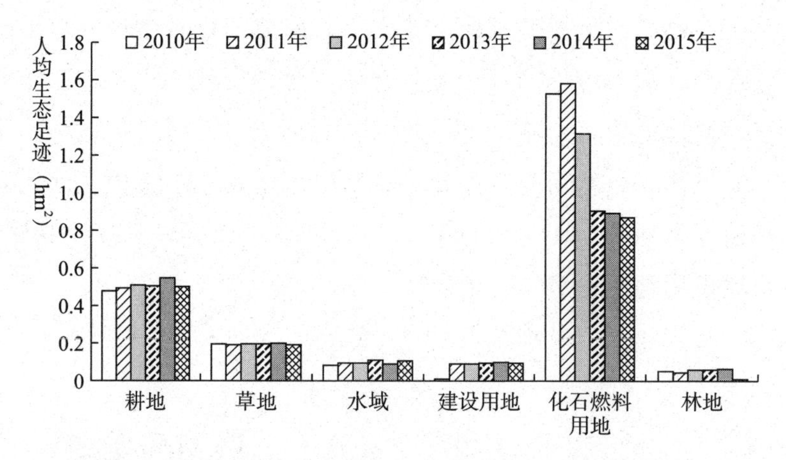

图 5-48　2010~2015 年河北省人均生态足迹变化

（2）生态承载力比较

2010~2015 年，京津冀地区河北省人均生态承载力最高，其次为北京市，天津市人均生态承载力最低。三个地区的生态承载力变化较为平稳，河北省人均生态承载力自 2013 年后出现了一定的上升趋势（见图 5-49）。

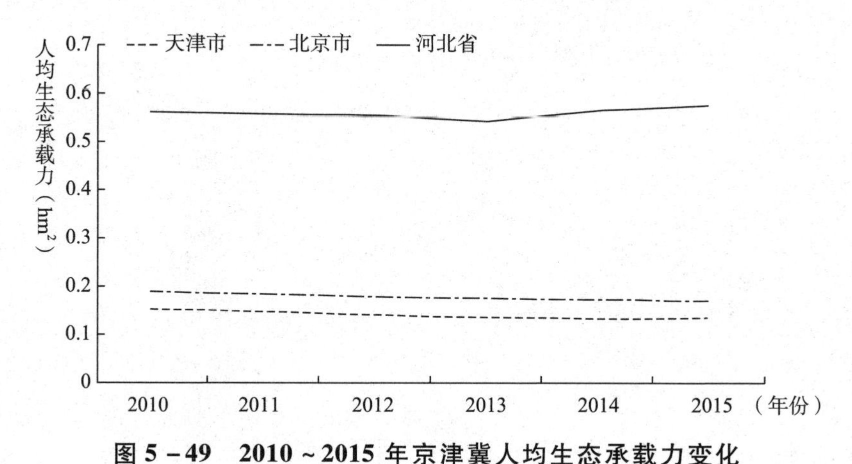

图 5-49　2010~2015 年京津冀人均生态承载力变化

如图 5-50、图 5-51、图 5-52 所示，2010~2015 年水域生态承载力总量低是京津冀地区生态承载力的一个共同特征，将其他利用类型的土地生态承载力进行比较，发现河北省耕地、草地和林地的人均生态承载力总量最高，北京市建设用地人均生态承载力总量最高。

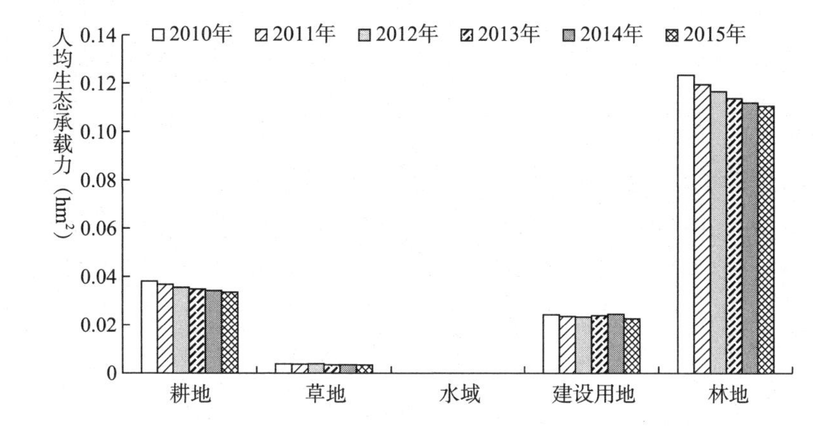

图 5-50　2010～2015 年北京市人均生态承载力

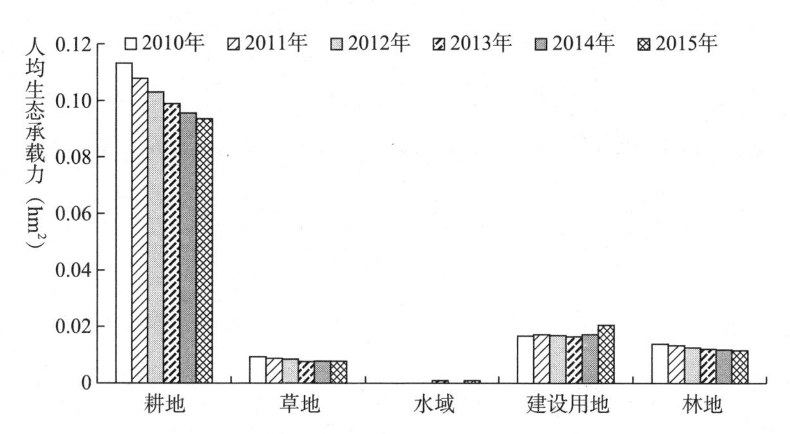

图 5-51　2010～2015 年天津市人均生态承载力

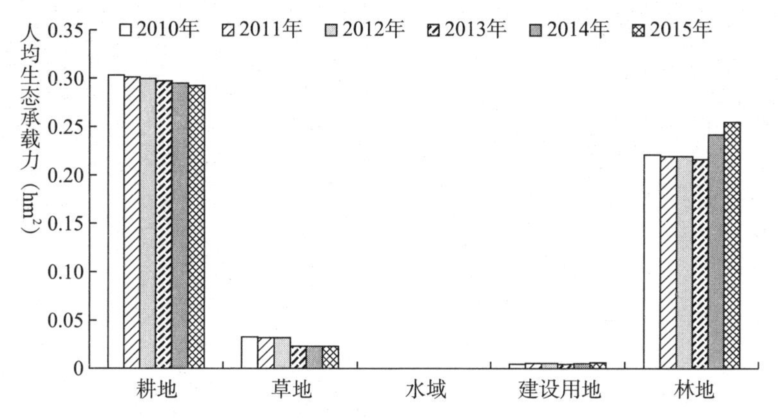

图 5-52　2010～2015 年河北省人均生态承载力

（3）生态赤字/生态盈余比较

2010～2015年，京津冀地区均处于生态赤字状态下，其中天津市的生态赤字总量最高，五年间均值为人均2.98hm²，其次为北京市，人均生态赤字总量均值为2.1hm²（见图5－53）。

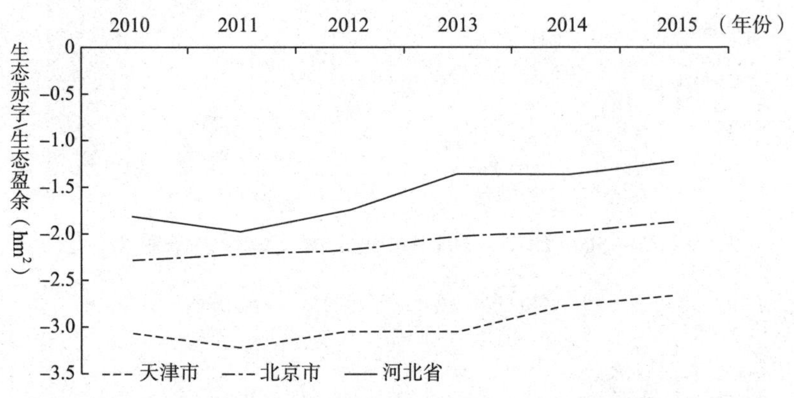

图5－53　2010～2015年京津冀地区生态赤字/生态盈余比较

从各土地利用类型生态赤字/生态盈余结果来看，2010～2015年，北京市和河北省林地处于生态盈余状态下，天津市2014年林地生态足迹由生态赤字状态转为生态盈余状态。此外，北京市建设用地生态赤字总量最高，五年间均值为0.14hm²，天津市水域生态赤字总量最高，五年间均值为0.34hm²，河北省耕地生态赤字总量最高，五年间均值为0.24hm²（见图5－54、图5－55、图5－56）。

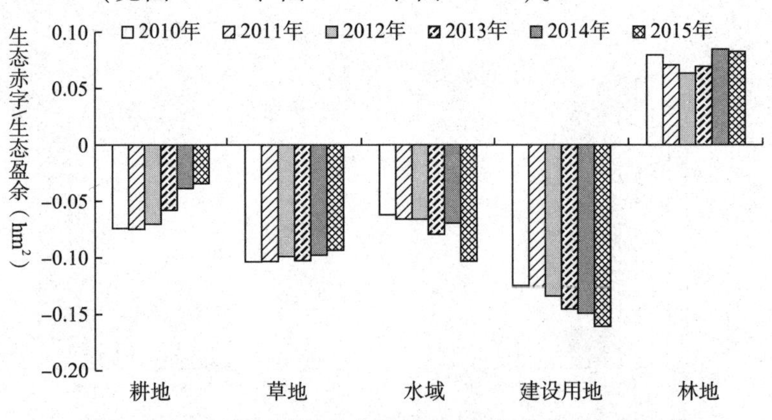

图5－54　2010～2015年北京市生态赤字/生态盈余

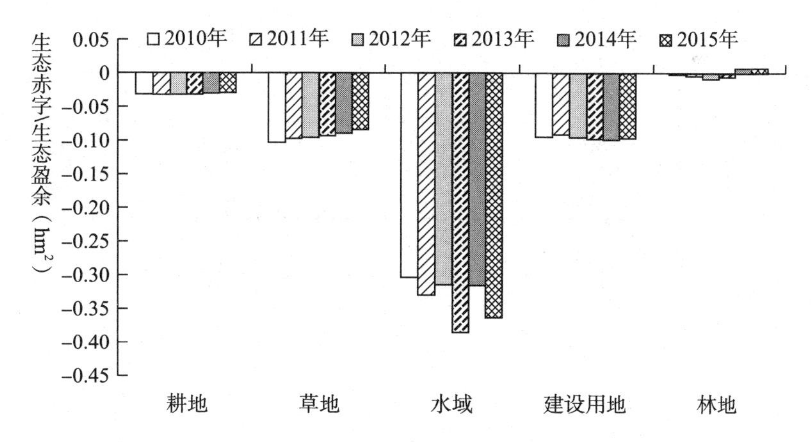

图 5－55　2010～2015 年天津市生态赤字/生态盈余

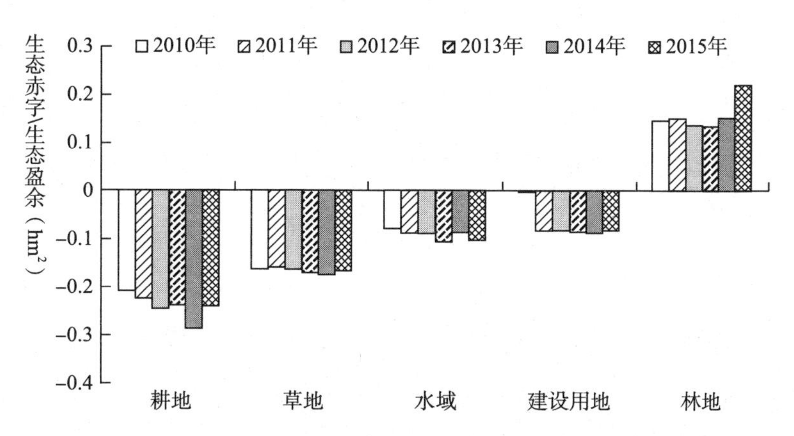

图 5－56　2010～2015 年河北省生态赤字/生态盈余

5.2　京津冀大气环境容量及水资源生态足迹评价

5.2.1　大气环境容量测算

本章使用《环境空气质量标准》（GB 3095－2012）里的参考值为限制变量，具体指标如表 5－3 所示。

表5-3 大气环境容量分析的限制变量

	项目（μg/m³）			
	SO_2	NO_2	PM2.5	PM10
允许限值	60	40	35	70

图5-57为河北省大气环境容量四个代表性指标从2013年到2016年的变化情况。

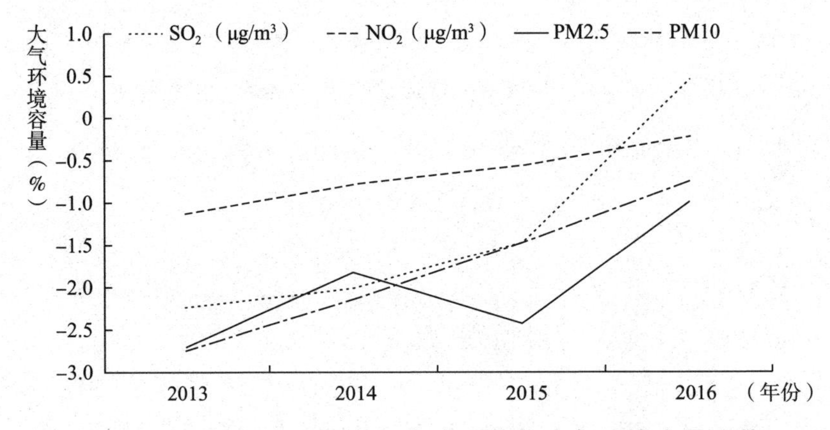

图5-57 2013~2016年河北省四指标大气环境容量现状

从图5-57可以看出，从2013年到2016年，其一，河北省的SO_2大气环境容量上升，即大气中SO_2实际指标值减少，2015年此指标在大气中含量的改善度尤为显著，并在2016年已经符合当前标准值。其二，NO_2与PM10近年的发展趋势向标准值靠近。其三，PM2.5除了2014年下降外，总体上保持上升趋势。可以看出，四个代表性指标反映河北省的大气环境容量总体上逐渐接近标准值，逐步达成治理效果。

图5-58、图5-59、图5-60、图5-61分别为京津冀SO_2、NO_2、PM2.5、PM10的环境容量值从2013年到2016年的变化情况与达标程度对比。

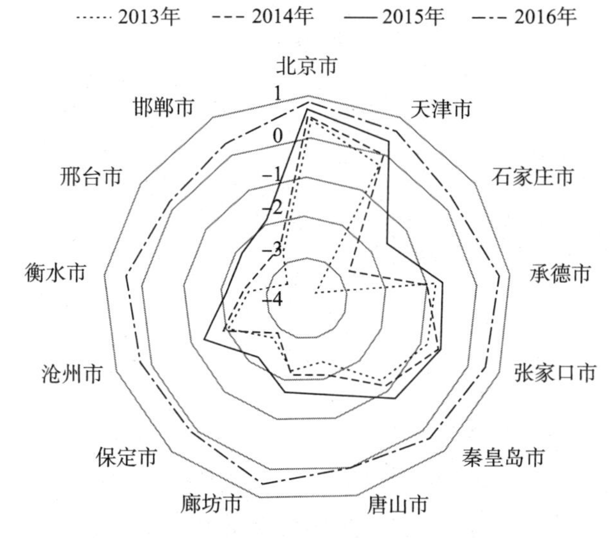

图 5－58　京津冀 SO_2 指标环境容量

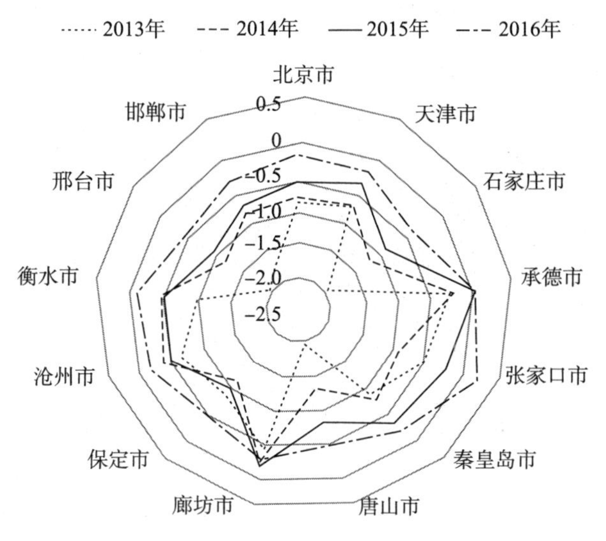

图 5－59　京津冀 NO_2 指标环境容量

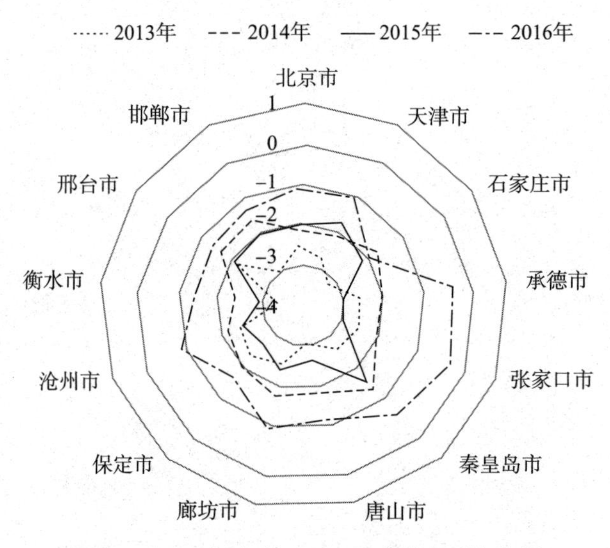

图 5-60　京津冀 PM2.5 指标环境容量

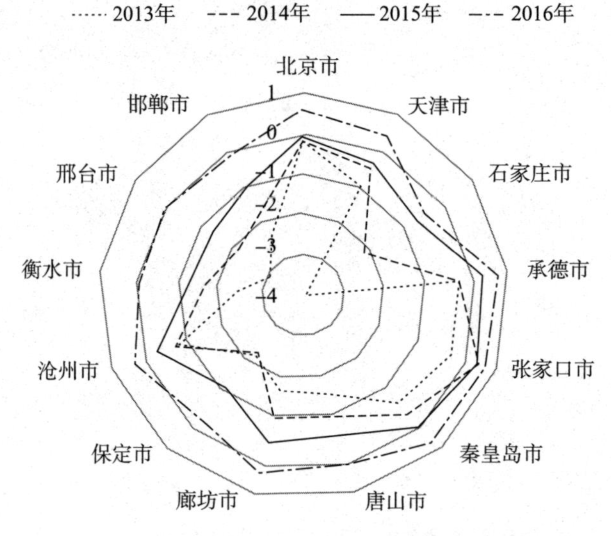

图 5-61　京津冀 PM10 指标环境容量

从指标上看，SO_2、NO_2、PM2.5、PM10 四大指标在 2016 年以前呈现不均衡发展状态，具体表现为北京市与天津市的环境容量达标率相对河北省内各市高。但在 2016 年，可以明显看到在京津冀协同治理下，河北省内各市的大气环境容量大大提升，各市的污染物达标率呈现相对均衡化发展。其中 SO_2达标状况最好，并且在 2016 年实现京津冀内所有城市达标；NO_2其次，仅有河北省内两市达标；PM2.5 和 PM10 的环境容量情况最差，在整个京津冀范围内都有待提高。

从各市对比上看，邢台市与唐山市的先天大气污染严重，但在重点治理后，四个指标都得到了显著的改善，趋于京津冀平均水平。石家庄市与保定市，特别是在 PM2.5 和 PM10 这两个指标上治理不足，近年都明显低于京津冀均值，甚至在 2015 年 PM2.5 的治理上发生环境治理进程倒退的现象。全省 PM2.5 指标只有张家口市有一定的环境容量。此外，北京市与天津市在历史上大气环境的治理比较到位，承德市、张家口市与秦皇岛市由于地理位置、气候等原因，生态承载力高于京津冀平均值。

从时间分布特征上来看，PM2.5 指标除了天津市与秦皇岛市外的其他地域在 2015 年环境剩余量明显减少。其余指标均在 2013 年到 2016 年间得到明显改善，并逐渐完成从分布不均衡化到均衡化的转变。

5.2.2　水生态足迹

依据本章所提到的方法和数据，计算出京津冀地区的水资源生态足迹。因为水资源足迹是根据总耗水量计算得出的，而河北省的耗水量是 13 个下属市耗水量的加总，因此我们采取河北省和北京市、天津市做对比（见表 5－4），然后河北省的 13 个下属市之间做对比（见表 5－5）。

表 5－4　京津冀地区水资源生态足迹

单位：万公顷

	2013 年	2014 年	2015 年	2016 年
河北省	456.03	463.40	562.73	602.81
北京市	601.31	619.66	631.39	641.31
天津市	392.72	398.18	424.79	450.08

表 5-5　河北省各市水资源足迹

单位：万公顷

	2013 年	2014 年	2015 年	2016 年
石家庄市	70.63	71.96	161.68	156.43
辛集市	7.24	6.11	6.52	6.00
承德市	18.89	18.99	17.55	15.91
张家口市	25.42	24.17	25.69	53.49
秦皇岛市	23.19	29.98	66.66	68.54
唐山市	149.72	149.72	139.68	153.72
廊坊市	31.87	30.32	33.20	34.05
保定市	29.00	25.53	27.59	36.21
定州市	3.64	3.07	3.26	4.45
沧州市	13.41	13.92	14.70	13.46
衡水市	22.33	24.28	9.95	15.69
邢台市	34.37	39.74	30.43	14.89
邯郸市	26.31	25.63	25.81	29.98

为了更加简洁明白地反映京津冀地区水资源足迹的情况，我们对表 5-4 中的数据做趋势图（见图 5-62）。

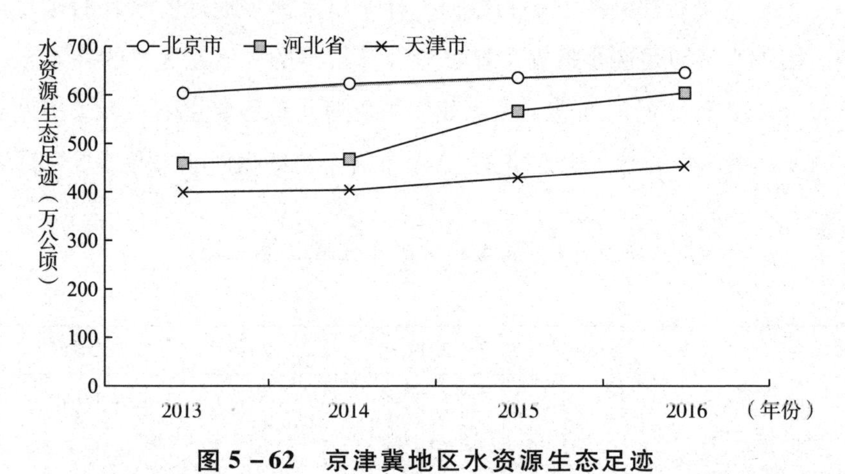

图 5-62　京津冀地区水资源生态足迹

从图 5-62 中可以看出京津冀地区的水资源生态足迹在 2013 年至

2016 年间是逐年递增的。且北京市的水资源足迹最多，河北省次之，天津市最少，因此可以知道北京市的耗水量最多，河北省次之，天津市最少。

从图 5－63 中可以看出，石家庄市和唐山市的水资源生态足迹最多，秦皇岛市和张家口市的水资源生态足迹次之，除定州市、辛集市外其他城市的水资源足迹相差不是很大。说明石家庄市和唐山市的耗水量比较大。此外可以明显看出，石家庄市、秦皇岛市在 2015 年和 2016 年有一个明显的上升，说明这两年这两个城市的耗水总量有一定增加，并且可以看出，张家口市在 2016 年水资源足迹有一个明显的上升，说明 2016 年该市的耗水量增加很多。

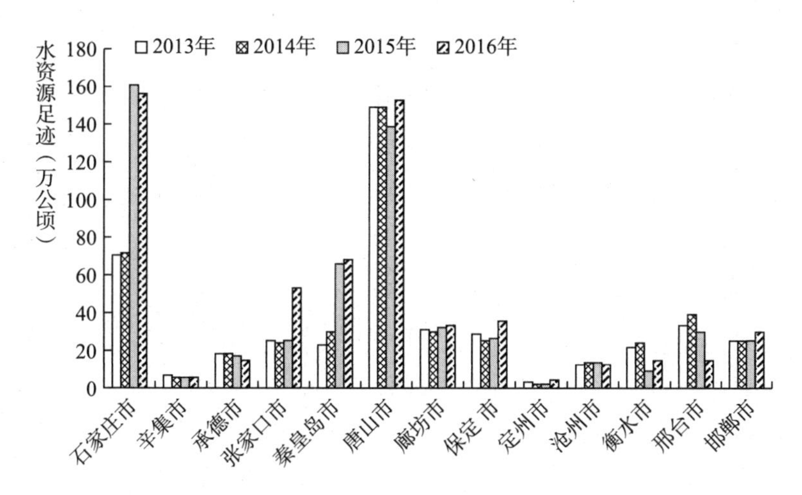

图 5－63　河北省各市水资源足迹

1. 水产品生态足迹

依据本章所提到的方法和数据，计算出京津冀地区的水产品生态足迹。因为水产品足迹是根据水产品总量计算得出的，而河北省的水产品量是 13 个下属市水产品量的加总，因此我们采取河北省和北京市、天津市做对比（见表 5－6），然后河北省的 13 个下属市之间做对比（见表 5－7）。

表 5－6　京津冀水产品生态足迹

单位：万公顷

	2013 年	2014 年	2015 年	2016 年
河北省	239.29	245.77	251.43	109.37
北京市	11.01	10.69	9.55	7.93
天津市	62.18	64.36	63.25	63.14

表 5－7　河北省各市的水产品生态足迹

单位：万公顷

	2013 年	2014 年	2015 年	2016 年
石家庄市	6.87	6.81	6.58	6.07
辛集市	0.01	0.01	0.01	0.01
承德市	7.78	7.81	7.82	8.17
张家口市	2.35	2.45	2.54	2.53
秦皇岛市	62.24	68.96	70.14	1.78
唐山市	104.54	107.18	108.89	57.45
廊坊市	6.85	6.88	6.80	5.80
保定市	11.03	11.10	11.14	11.17
定州市	0.02	0.03	0.03	0.02
沧州市	23.14	24.29	27.16	5.90
衡水市	1.60	1.66	1.70	1.74
邢台市	1.68	1.95	1.86	1.70
邯郸市	11.22	6.68	6.81	7.07

为了更加简洁明白地反映京津冀地区水产品生态足迹的情况，我们对表 5－6 中的数据做趋势图（见图 5－64）。

从图 5－64 中可以看出京津冀地区中，天津市、北京市的水产品生态足迹在 2013～2016 年保持不变，河北省在 2013～2015 年变化不大，但是在 2016 年突然有一个明显的降低。这是由于 2016 年河北省的两大水产地唐山市和秦皇岛市淡水产品的产量明显比 2013～2015 年

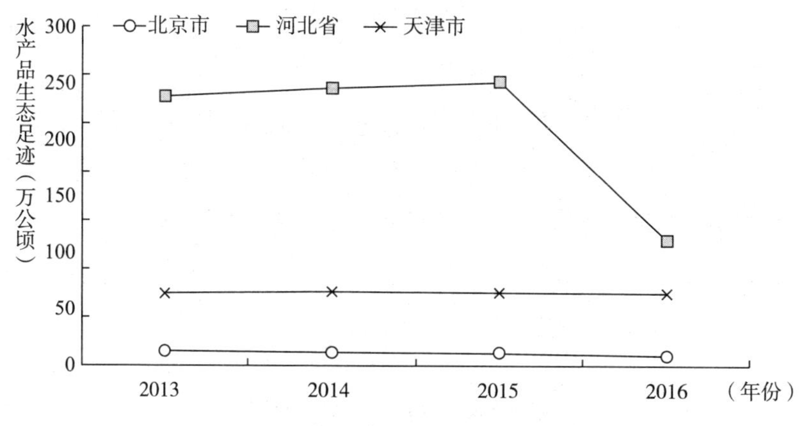

图 5－64　京津冀地区水产品生态足迹

要减少很多。

从图 5－65 中可以看出，河北省唐山市、秦皇岛市和沧州市是水产品生态足迹比较大的城市，这是因为河北省这三个城市的淡水产品总量也是比较大的。

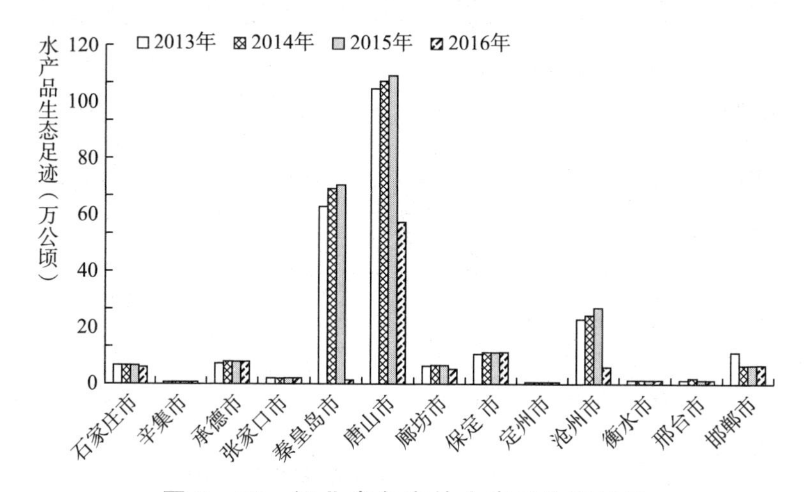

图 5－65　河北省各市的水产品生态足迹

2. 水净化生态足迹

因为水净化生态足迹的计算需要有选定污染物的排放量和相对应的每个所要计算城市水域的水质分布，考虑到每个城市的水质河长分布的复杂性和不均匀性，计算每个城市水净化生态足迹具有一定的困难性和不准确性。我们只计算河北省、北京市和天津市的水净化生态足迹。

从表 5 - 8、图 5 - 66 中可以看出，河北省的水净化生态足迹最大，这是由于与北京市、天津市相比，河北省的 COD 排放量比较多，因此相应的，河北省的水净化生态足迹比较大。可以看出 2016 年，河北省、北京市、天津市的水净化生态足迹都有一定的下降，说明 2016 年的减排治理取得了显著成效。

表 5 - 8　京津冀地区水净化生态足迹

单位：万公顷

	2013 年	2014 年	2015 年	2016 年
河北省	83. 23	79. 97	76. 51	25. 66
北京市	32. 93	33. 89	33. 31	17. 94
天津市	13. 94	14. 68	13. 30	6. 59

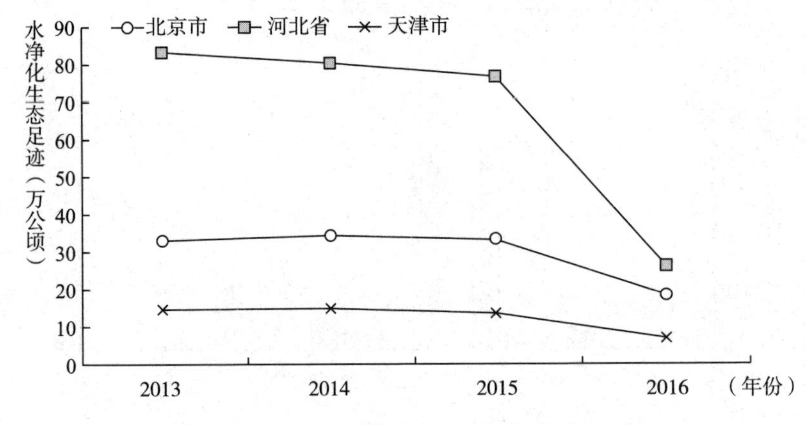

图 5 - 66　京津冀地区水净化生态足迹

3. 水生态足迹

在方法部分我们已经介绍，水生态足迹主要由两部分构成，一部分是水资源生态足迹，一部分是从水产品生态足迹和水净化生态足迹中选取最大的值。在第二部分我们已经计算出了河北省、北京市、天津市的水净化生态足迹，并且在比较的过程中发现除北京市外、天津市和河北省水产品生态足迹普遍大于水净化生态足迹，因此在计算京津冀地区、河北省各市水生态足迹时我们直接选取水产品生态足迹和水资源生态足迹的和作为我们最后的结果（见表5－9、表5－10）。

表5－9　京津冀地区水生态足迹

单位：万公顷

	2013年	2014年	2015年	2016年
河北省	695.32	709.17	814.16	712.18
北京市	634.24	653.55	664.70	659.26
天津市	454.90	462.54	488.04	513.22

表5－10　河北省各市水生态足迹

单位：万公顷

	2013年	2014年	2015年	2016年
石家庄市	77.49	78.77	168.26	162.50
辛集市	7.25	6.11	6.52	6.01
承德市	26.66	26.80	25.36	24.08
张家口市	27.78	26.62	28.24	56.02
秦皇岛市	85.43	98.94	136.80	70.32
唐山市	254.26	256.90	248.57	211.17
廊坊市	38.72	37.20	40.00	39.85
保定市	40.03	36.62	38.74	47.38
定州市	3.66	3.09	3.29	4.47
沧州市	36.55	38.21	41.86	19.36
衡水市	23.93	25.94	11.64	17.43
邢台市	36.05	41.69	32.29	16.59
邯郸市	37.53	32.31	32.62	37.06

为了能够更加清晰地反映河北省、北京市、天津市的水生态足迹的对比，我们对三者的水生态足迹做趋势图（见图5－67）。

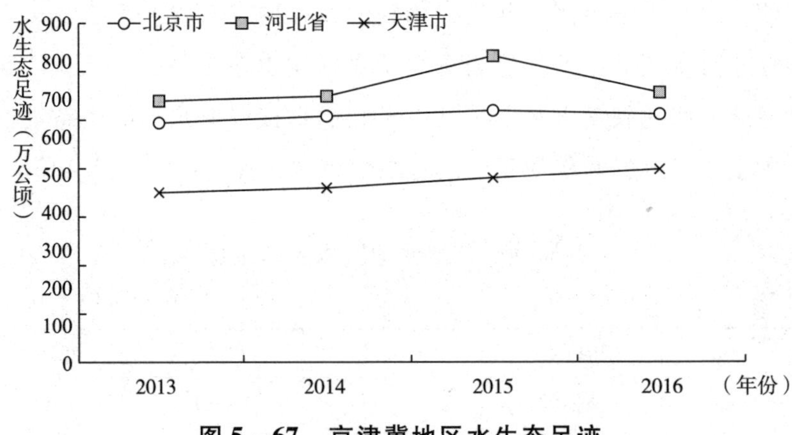

图 5-67　京津冀地区水生态足迹

从图 5-67 中可以看出，河北省的水生态足迹最大，北京市次之，天津市最小，且河北省的水生态足迹在 2015 年有一个上升，2016 年又恢复到与 2013 年和 2014 年相近的水平。北京市的水生态足迹变化不是很明显，存在一个略微上升的趋势，2015 年最大，在 2016 年又有微小的下降。天津市的水生态足迹呈现一个明显的上升的趋势。

从图 5-68 中可以看出，唐山市的水生态足迹最大，石家庄次之，再者是秦皇岛，辛集市和定州市的水生态足迹最小，其他各城市的水生态足迹相差不大。

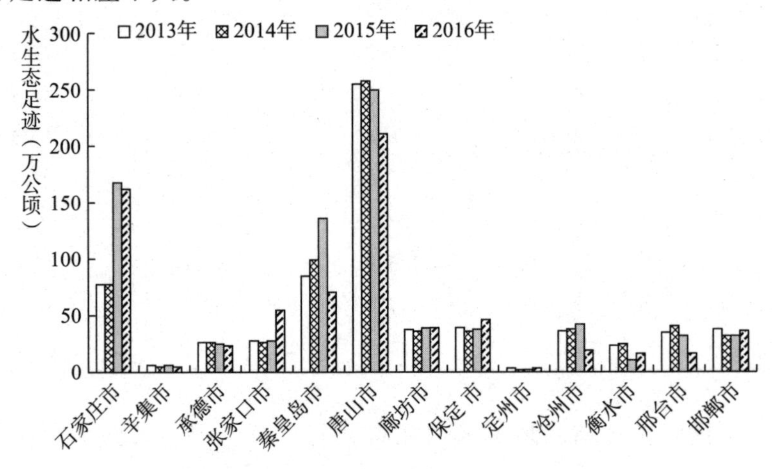

图 5-68　河北省各市水生态足迹

5.3　京津冀大气、水资源承载力测算

5.3.1　大气环境承载力

本章将大气环境承载力分为四个等级，分别以20、40、60为临界点，为四个等级设置四个不同的分值，通过数据分析给四个不同的指标赋值，综合计量大气环境承载力指数（见表5－11）。

表5－11　大气环境承载力指数分析等级及分值设置

等级	一级	二级	三级	四级
范围	小于20	小于40	小于60	大于60
分值	25	18.75	12.5	6.25

按照上述方法根据数据对四个大气污染物指标进行评分后，进行加总，计算其环境承载力指数（CSI），得到区域的总体得分。

根据上述得分，我们对大气环境承载力指数进行评价，按照其得分高低分为如表5－12所示的四个等级。

表5－12　大气环境承载力等级评价

等级	一级	二级	三级	四级
得分	75～100	50～75	25～50	25以下

由表5－13可以看出，河北省总体的大气环境承载力得分在2016年出现明显的提升，从四级上升到了三级，由此可见河北省大气环境的治理取得了明显效果。

表 5－13　河北省大气环境承载力得分

	2013 年	2014 年	2015 年	2016 年
河北省	25	25	25	37.5

从表 5－14 可以看出，2013 年除了北京市、天津市、承德市的环境承载力得分超过 30 分外，其余 10 个地区均处于 25 分的低位状况。2016 年承德市与张家口市的大气环境承载力得分最高，为 50 分，石家庄市、邢台市、邯郸市与唐山市的承载力得分最低，为 31.25 分。

表 5－14　京津冀各市大气环境承载力得分

	2013 年	2014 年	2015 年	2016 年
北京市	37.5	37.5	43.75	43.75
天津市	31.25	31.25	37.5	37.5
石家庄市	25	25	25	31.25
承德市	31.25	31.25	37.5	50
张家口市	25	25	31.25	50
秦皇岛市	25	25	31.25	37.5
唐山市	25	25	25	31.25
廊坊市	25	31.25	31.25	43.75
保定市	25	25	25	37.5
沧州市	25	25	25	37.5
衡水市	25	25	25	37.5
邢台市	25	25	25	31.25
邯郸市	25	25	25	31.25

2016 年具有较高环境承载力的地区为承德市与秦皇岛市，有望在可预见的未来达到二级。综合 2013 年至 2016 年四年的指标，北京市与天津市的情况最为乐观，均处于三级。总体看来，京津冀的环境承载力经过四年的整治，从四级向三级转变，并有望达到二级（见图 5－69）。

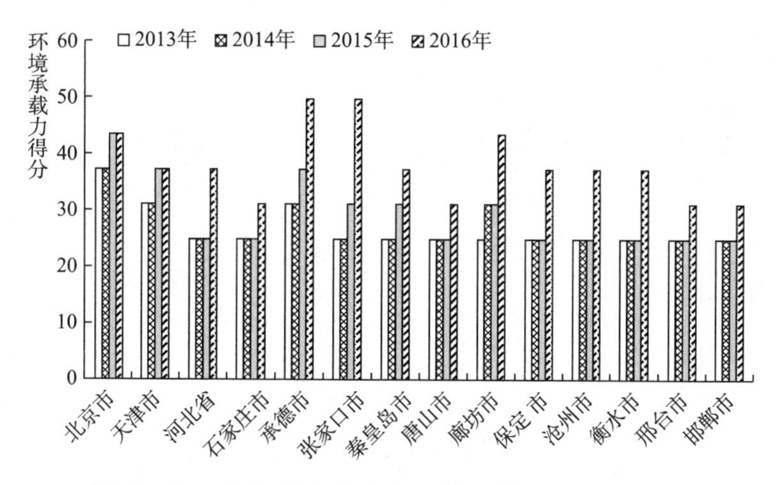

图 5-69　京津冀各市大气环境承载力得分与等级

5.3.2　水生态承载力

从表 5-15、图 5-70 可以看出，河北省水生态承载力最大，北京市水生态承载力次之，天津市水生态承载力最小。

表 5-15　京津冀地区水生态承载力

单位：万公顷

	2013 年	2014 年	2015 年	2016 年
河北省	346.96	126.27	204.80	486.86
北京市	78.95	52.74	91.98	158.08
天津市	37.92	22.74	29.11	117.51

从表 5-16、图 5-71 中可以看出河北省各市的水生态承载力差别很大，各市在每年的水生态承载力也不一样。各市每年的承载力不同与其每年的产水模数即单位面积产水量不同有关。可以明显看出 2016 年除衡水市外其他各市的水生态承载力都有一个明显的提高。

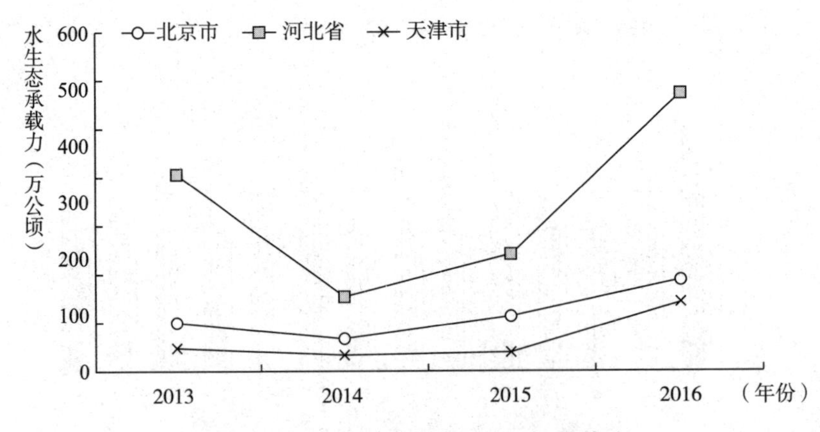

图 5－70 京津冀地区水生态承载力

表 5－16 河北省各市水生态承载力

单位：万公顷

	2013 年	2014 年	2015 年	2016 年
石家庄市	54.24	15.97	26.70	163.86
辛集市	2.53	0.21	0.91	1.02
承德市	26.52	12.82	12.61	30.60
张家口市	15.62	8.33	13.86	17.95
秦皇岛市	48.85	35.07	25.62	125.93
唐山市	67.98	37.15	41.45	78.67
廊坊市	13.08	0.05	12.43	16.41
保定市	54.71	21.56	49.58	54.69
定州市	21.78	0.79	3.57	4.55
沧州市	27.72	2.76	36.68	6.39
衡水市	20.18	1.09	7.84	0.10
邢台市	37.77	8.23	7.39	110.87
邯郸市	21.15	14.38	8.18	55.70

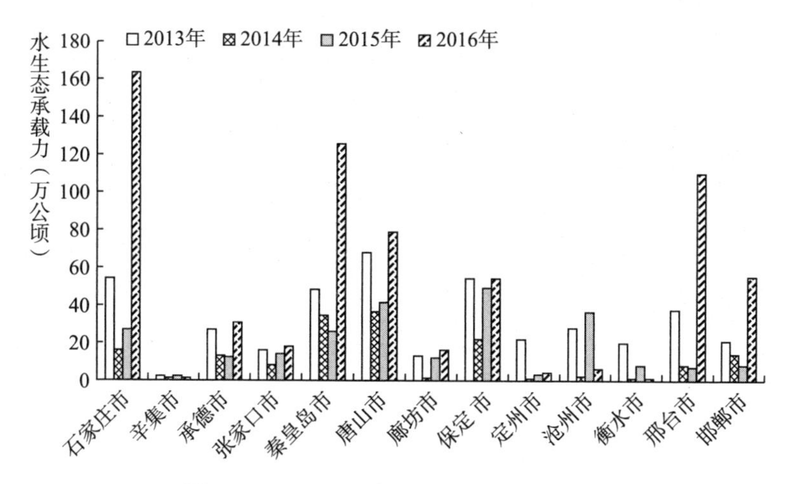

图 5-71 河北省各市水生态承载力

判断一个地区水资源是处于赤字状态还是盈余状态，需要求水资源承载力和水资源足迹的差，如果得到的差为正数则水资源为盈余，如果得到的差为负数，则水资源处于赤字。

从表 5-17、图 5-72 中可以明显看出，2013～2016 年河北省、北京市、天津市均处于水资源赤字状态，且北京市的水资源赤字状态最严重。通过对比，我们发现水资源的赤字状况在各年的分布与水生态承载力的分布图形几乎是一样的，这是由于各年的水生态足迹也就是水资源的利用情况在各年间变化不大。

表 5-17 京津冀地区水资源赤字状况

单位：万公顷

	2013 年	2014 年	2015 年	2016 年
河北省	-348.36	-582.90	-609.37	-225.32
北京市	-555.29	-600.81	-572.72	-501.18
天津市	-416.99	-439.79	-458.93	-395.70

从表 5-18、图 5-73 中可以明显看出，在各年间只有个别城市水资源处于盈余状况，其他城市的水资源均处于赤字状况，唐山市的

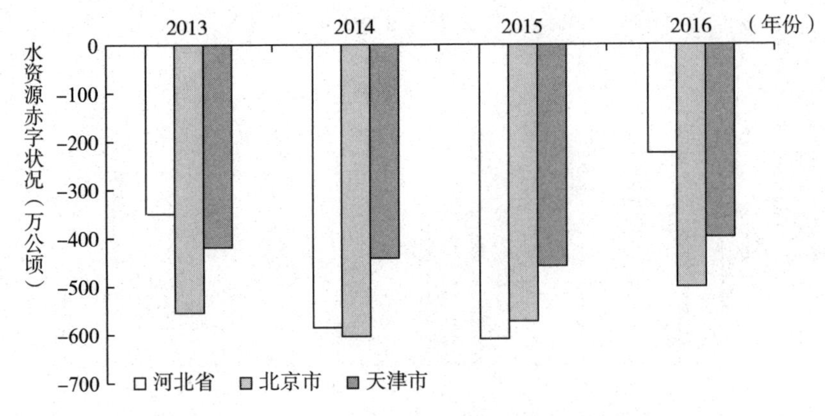

图 5-72　京津冀地区水资源盈余/赤字状况

水资源赤字状态最严重，其次是秦皇岛市、石家庄市。由于2016年秦皇岛市和邢台市的水生态承载力比2015年有很大的提高，所以2016年秦皇岛市、邢台市出现水资源的盈余。

表 5-18　河北省各市水资源盈余/赤字状况

单位：万公顷

	2013年	2014年	2015年	2016年
石家庄市	-23.25	-62.80	-141.56	1.36
辛集市	-4.71	-5.90	-5.62	-4.98
承德市	-0.14	-13.98	-12.75	6.52
张家口市	-12.16	-18.29	-14.37	-38.07
秦皇岛市	-36.59	-63.87	-111.18	55.62
唐山市	-186.27	-219.75	-207.12	-132.50
廊坊市	-25.64	-37.15	-27.58	-23.44
保定市	14.68	-15.06	10.84	7.32
定州市	18.11	-2.31	0.28	0.09
沧州市	-8.83	-35.46	-5.19	-12.96
衡水市	-3.75	-24.85	-3.80	-17.33

续表

	2013 年	2014 年	2015 年	2016 年
邢台市	1.72	-33.46	-24.90	94.28
邯郸市	-16.38	-17.93	-24.44	18.64

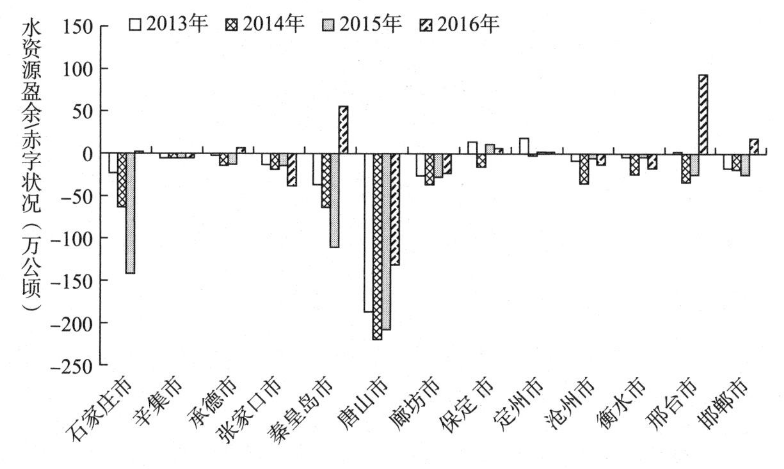

图 5-73　河北省各市水资源盈余/赤字状况

综上，我们发现京津冀城市圈大气状况在近几年的空气质量整治下有很大的进步，空气质量有望在现在的基础上提高。详细来看，2016 年具有较高环境承载力的地区为承德市与秦皇岛市，有望在可见的未来达到二级。综合 2013 年至 2016 年四年的指标，北京市与天津市的情况最为乐观，均处于三级。总体看来，京津冀的环境承载力经过四年的整治，从四级向三级转变，并有望达到二级。

通过以上的分析，我们发现京津冀地区的水生态足迹普遍处于赤字状态，其中北京地区最严重，天津、河北次之。在详细分析河北地区时，发现大部分地区处于赤字状态，除保定市外，承德市、秦皇岛市、廊坊市、沧州市、邢台市只有偶尔几年出现水生态足迹盈余，其他城市均处于水生态足迹赤字状态。在详细分析水生态足迹时，我们发现除唐山市、秦皇岛市、沧州市外，在各个城市的水生态足迹中，水资源生态足迹都占很大的一部分，水产品生态足迹只占很小一部分。在水资源赤字情况下，我们要在既有的经济结构基础上减少水资源的使用量，并且在唐山市等水产品产出量比较大的两个城市要适当减少捕捞量。

5.4 京津冀资源环境承载力与经济发展的关系分析

为了进一步分析京津冀资源环境承载力与区域经济发展之间的关系，本章以2013~2015年京津冀地区的13个城市的地区生产总值作为被解释变量，以13个城市的大气资源环境承载力、水资源环境承载力、耕地资源环境承载力、草地资源环境承载力、建设用地资源环境承载力、林地资源环境承载力六类资源环境承载力作为解释变量，构建了混合面板回归模型，具体分析六类资源环境承载力的变化对区域经济发展的影响。其中，由于水域资源环境承载力和化石燃料资源环境承载力在所有资源环境承载力中所占比例极少，因此没有将这两类承载力纳入模型中。本章采用广义加权最小二乘法对面板模型进行参数估计，消除模型存在的异方差，防止异方差的存在对参数估计造成偏差。将所有变量都进行了自然对数变换。回归结果见表5-19。

表5-19 京津冀资源环境承载力与地区生产总值的参数估计结果

项目	系数
大气	1.002*** (0.268)
水	0.025* (0.014)
耕地	0.322*** (0.094)
草地	-0.112*** (0.027)

续表

项目	系数
建设用地	0.814*** (0.035)
林地	-0.104*** (0.027)
统计指标	
R - squared	0.978149
Adjusted R - squared	0.974052
S. E. of regression	0.229656
F - statistic	238.7437
Prob (F - statistic)	0.000000

注：(1) * 表示系数显著，其中 * 表示 1% 的显著性水平，** 表示 5% 的显著性水平，*** 表示 10% 的显著性水平；

(2) 括号内数值为参数的标准差。

从表 5-19 可以看到，六类资源环境承载力对区域经济发展的影响按绝对值从大到小排序依次为：大气承载力、建设用地承载力、耕地承载力、草地承载力、林地承载力和水承载力。其中，大气承载力的变化对区域经济发展的影响最大，即大气承载力每变化 1%，会造成地区生产总值变化 1.002%。这一结果说明大气环境对京津冀地区经济发展发挥着至关重要的作用，继续推进大气环境质量改善，能够对京津冀区域经济发展带来显著的正向影响。

建设用地承载力每变化 1%，会造成地区生产总值变化 0.814%。这一结果说明随着京津冀地区城市化水平的不断提高，建设用地的承载能力对该区域经济发展发挥着重要作用。在土地资源有限的情况下，建设用地的承载能力越高，意味着可以吸引更多人口、企业和各类机构入驻，从而有效促进区域经济发展。

耕地承载力每变化 1%，会造成地区生产总值变化 0.322%。这一结果说明耕地的承载能力依然在京津冀地区的经济发展中起着重要作用。原因在于河北省依然是农业大省和粮食大省，农业人口占比较大，第一产业在地区生产总值中的比例仍然维持在10%左右，因此，提升耕地的承载能力不仅能够推动包括农业在内的第一产业的发展，而且农业现代化的推进，使耕地承载力对于该地区经济发展的支撑作用更加明显。

水资源承载力每变化1%，会造成地区生产总值变化0.025%。这一结果说明相比上述三类承载力，水资源承载力对于地区生产总值的直接影响比较弱。原因在于水资源承载力更多体现了水资源对于自然生态环境的支撑能力，而对于经济的直接承载能力并没有体现，所以体现在计算结果中，就是水资源承载力对经济发展的直接影响比较弱。此外，京津冀地区与江河湖海相关的产业发展规模很小，在经济结构中所占比例也很小，这也是造成水资源承载力对地区生产总值影响弱的一个原因。

草地承载力和林地承载力与地区生产总值之间呈现反向影响的关系。原因主要在于相比其他产业，与草地资源环境和林地资源环境有关的产业在京津冀地区产业结构中占比小，而且对经济发展的拉动和支撑作用也比较小。提升林地和草地承载力通常依赖林地和草地面积的增加，这在一定程度上意味着耕地面积和建设用地面积的减少。这样一来，耕地和建设用地对于经济发展的承载力被削弱，而草地承载力和林地承载力的增加对经济发展的拉动作用又不如耕地和建设用地，因此，如此一增一减对经济发展造成的影响便是负面影响了。

综合上述分析，从承载力与经济发展的关系角度出发，为了发挥承载力推动京津冀地区发展的作用，应当在京津冀地区继续大力改善大气环境质量、适度增加建设用地面积并提升建设用地使用效率、保护耕地并积极发展农业现代化，从而实现上述资源环境承载力的提升，进而推动京津冀地区经济发展。

第六章　对策建议

6.1　研究结论

本书在对土地承载力国内外研究文献分析的基础上，确定了生态足迹评价法作为本书研究方法，并为后续的指标体系构建与承载力评价奠定了理论基础。通过指标选取构建了京津冀生态足迹评价指标体系。在对京津冀地区的社会经济概况，水、矿产、土地等自然资源，大气、水环境等生态环境问题进行概况描述和描述性统计分析的基础上，建立了京津冀地区生态足迹和承载力评价指标体系评价京津冀自然资源承载力。基于对生态承载力影响因素的分析，结合研究京津冀地区实际发展状况，在分别计算耕地生态足迹指标、林地生态足迹指标、草地生态足迹指标、建设用地生态足迹指标、水域生态足迹指标、化石燃料用地生态足迹指标的基础上，完成了对京津冀自然资源承载力以及生态赤字和盈余的计算。通过对京津冀地区生态系统中最重要的土地、水、大气等资源的生态足迹和承载力进行实证分析，并结合生态足迹和承载力的差值反映相应生态子系统的可持续性发展，结合区域协同发展的思路，提出了优化当前自然资源结构的具体措施和对策。

6.1.1 京津冀自然资源承载力

1. 北京市自然资源承载力

从2010年到2015年北京市各土地利用类型生态足迹的变化趋势中可以看出，化石燃料用地的生态足迹总量显著高于其他土地利用类型的生态足迹总量，但是，五年间的化石燃料用地生态足迹总量呈现下降趋势，下降幅度为32.8%，由于其绝对量较大，因此成为五年间北京市生态足迹总量出现下降趋势的最主要原因。其他土地利用类型中，建设用地和水域的生态足迹总量呈现出上升趋势，耕地、草地和林地生态足迹总量呈现下降趋势。2010～2015年，北京市人均生态承载力相比人均生态足迹始终处于较低水平。由于自然资源供给有限，因此导致长期的生态赤字现象，北京市生态赤字程度正在逐年降低，说明北京市近年来的社会经济发展与自然资源之间的矛盾正在得到逐渐缓解。

2. 天津市自然资源承载力

从2010年到2015年天津市各土地利用类型生态足迹的变化趋势中可以看出，化石燃料用地的生态足迹总量显著高于其他土地利用类型的生态足迹总量，但从2011年开始，其生态足迹总量便呈现一定的下降趋势，由于其绝对量较高，因此成为近年来天津市生态足迹总量出现下降趋势的最主要原因。其他土地利用类型中，建设用地和水域的生态足迹总量呈现出上升趋势，耕地、草地和林地生态足迹总量呈现下降趋势。2010～2015年，天津市人均生态承载力相比人均生态足迹始终处于较低水平。由于自然资源供给有限，因此导致长期的生态赤字现象，天津市生态赤字总量呈现波动下降的变化过程，说明天津市近年来的社会经济发展与自然资源之间的矛盾正在得到逐渐缓解。

3. 河北省自然资源承载力

2015年，河北省对自然资源的消耗仍主要体现在对以煤炭、石油为主的能源消耗和以农产品生产为主的生物资源消耗上，发展模式仍然呈现出与2010年相同的通过消耗自然资源的现存量弥补生态承载力不足的特征。尽管河北省对自然资源的消耗整体特征没有出现明显变化，但其内部结构则出现了一定程度的转变。各城市中，石家庄市、保定市、衡水市和邯郸市以耕地人均生态足迹占比最高，其余城市均为化石燃料用地的人均生态足迹占比最高。其中石家庄市、廊坊市和邯郸市均由化石燃料用地的人均生态足迹占比最高转为耕地人均生态足迹占比最高，而张家口市则由耕地人均生态足迹占比最高转变为化石燃料用地人均生态足迹占比最高。通过综合比较发现，2015年耕地和草地仍然是河北省生态赤字最为严重的两类土地利用类型，而建设用地生态赤字出现了显著提高，加之较高的化石燃料用地的生态占用，共同导致2015年河北省整体处于生态赤字状态下的结果。

6.1.2　京津冀大气资源承载力

通过计算2013～2016年京津冀三地的SO_2、NO_2、PM2.5、PM10四种污染物容量，显示SO_2、NO_2、PM10三项指标均在2013年到2016年得到明显改善，并逐渐完成从分布不均衡化到均衡化的转变。PM2.5指标除了天津市与秦皇岛市外的其他地域2015年的环境剩余量明显减少，在剩余年份总体也呈现出改善的趋势。京津冀三地的SO_2、NO_2、PM2.5、PM10四大指标在2016年以前呈现不均衡发展，具体表现为北京市与天津市的环境容量达标率相对河北省内各市高。但从2016年开始，河北省内各市的大气环境容量大大提升，各市的污染物达标率呈现相对均衡化发展。其中SO_2达标状况最好，并且在2016年实现京津冀地区所有城市达标；NO_2其次，仅有河北省内两市未实现达标；PM2.5和PM10的环境容量情况最差，在整个京津冀范围内都有待提高。在城市层面上，北京市与天津市的大气环境的治理效果最为明显，邢台市与唐山市的大气环境容量改善明显，接近于京津冀平均水平。石家庄市与保定市始终明显低于京津冀均值，大气环境容量的改善效果不甚理想。而承德市、张家口市与秦皇岛市由于地理位置、气候等原因，生态承载力高于京津冀平均值。

总结上面的结果，我们发现京津冀城市圈大气状况在近几年的空气质量整治下有很大的进步，空气质量有望在现在的基础上提高。详细来看，2016 年具有较高环境承载力的地区为承德市与秦皇岛市，有望在可见的未来达到二级。综合 2013 年至 2016 年四年的指标，北京市与天津市的情况最为乐观，均处于三级。总体看来，京津冀的环境承载力经过四年的整治，从四级向三级转变，并有望达到二级。

6.1.3 京津冀水资源承载力

在水生态足迹方面，京津冀地区的水资源生态足迹在 2013 年至 2016 年是逐年递增的。且河北省的水生态足迹最大，北京市次之，天津市最小。具体到河北省各市，石家庄市和唐山市的水资源生态足迹最大，说明石家庄市和唐山市的耗水量比较大。秦皇岛市和张家口市次之，除定州市与辛集市外的其他城市水资源足迹相差不大。此外，张家口市 2016 年的耗水量有明显增长。在水产品生态足迹方面，唐山市、秦皇岛市和沧州市是京津冀三地中水产品生态足迹比较大的城市。在水净化生态足迹方面，由于减排治理开始取得成效，因此京津冀三地的水净化生态足迹从 2016 年都开始出现下降。其中，由于 COD 排放量最大，因此河北省的水净化生态足迹最大。

在水生态承载力方面，河北省水生态承载力最大，北京市水生态承载力次之，天津市水生态承载力最小。同时，各市的水生态承载力差别很大，各市在每年的承载力也不一样。

2013 ~ 2016 年，京津冀三地均处于水资源赤字状态，且北京市的水资源赤字状态最严重。具体到河北省城市层面，除了秦皇岛市和邢台市在 2016 年出现水资源盈余以外，各城市在各年间水资源均处于赤字状况，其中，唐山市的水资源赤字状态最严重，其次是秦皇岛市和石家庄市。

通过以上分析，我们发现京津冀地区的水生态足迹普遍处于赤字状态，其中北京地区最严重，天津、河北次之。在详细分析河北地区时，发现除保定市外大部分地区处于赤字状态，承德市、秦皇岛市、廊坊市、沧州市、邢台市只有偶尔几年出现水生态足迹盈余，其他城市均处于水生态足迹赤字状态。在详细分析水生态足迹时，我们发现除唐山市、秦皇岛市、沧州市外，在各个城市的水生态足迹中，水资源生态足迹都占很大的一部分，水产品生态足迹只占很小一部分。在水资源赤字情况下，我们要在既有的经济结构基础上减少水资源的使用量，并且在唐山市等水产品产出量比较大的城市要适当减少捕捞量。

6.1.4　京津冀资源环境承载力与区域经济发展的关系

六类资源环境承载力对区域经济发展的影响按绝对值从大到小排序依次为：大气承载力、建设用地承载力、耕地承载力、草地承载力、林地承载力和水承载力。其中，大气承载力的变化对区域经济发展的影响最大，即大气承载力每变化1%，会造成地区生产总值变化1.002%。这一结果说明大气环境对京津冀区域经济发展发挥着至关重要的作用，继续推进大气环境质量改善，能够对京津冀区域经济发展带来显著的正向影响。此外，为了发挥承载力推动京津冀区域发展的作用，适度增加建设用地面积并提升建设用地使用效率、保护耕地并积极发展农业现代化，从而实现上述资源环境承载力的提升，对于推动京津冀区域经济发展也具有重要的作用。

6.2　创新点

1. 在学术思想上，本研究在定量评价资源容量、生态足迹、生态盈余/赤字等资源环境承载力指标的基础上，运用资源环境承载力指标体系，计算资源环境承载力并辨析了京津冀自然资源可持续利用的刚性约束条件。本研究建立的生态承载力评价模型可以更好地分析京津冀三地当前的承载效果，找出问题，并进一步提出优化京津冀国土空间利用的目标、方法和路径。

2. 在学术观点上，通过对京津冀地区生态系统中最重要的土地、水、大气等资源的生态足迹和承载力进行了实证分析，并结合生态足迹和承载力的差值反映相应生态子系统的可持续发展性，结合区域协同发展的思路，提出了优化当前自然资源结构的具体措施和对策。

3. 在研究方法上，采用生态足迹法分别计算了京津冀三地的耕地生态足迹指标、林地生态足迹指标、草地生态足迹指标、建设用地生态足迹指标、水生态足迹指标、化石燃料用地生态足迹指标，并在此基础上进一步测算了京津冀三地的资源环境承载力。从生态赤字和生态盈余两个角度相对研究实际资源环境承载力，实现了京津冀三地资源环境承载力的可持续发展的状态和趋势的分析。

6.3 对策建议

1. 对京津冀三地来说，需要适度控制人类活动的用地规模，限制对土地的过分利用和不适当利用，优化不同土地利用类型的结构与比例，保证农用耕地面积，满足人类的基本活动需要。在京津冀城市化快速发展过程中，京津冀建设用地不可能减少，甚至会大幅度增加，土地资源承载力势必会面临更大的压力，因此需要积极考虑有效提升建设用地利用效率。为了提高资源的配置效率，积极发挥市场的作用，通过市场优化京津冀三地的资源调整，推动京津冀城市的协同发展；在京津冀地区城市化水平进入比较高的阶段时，则应着重政府调控机制，采取因地制宜的发展策略，实施非均衡发展策略调控土地使用，以维持整个地区建设用地与农业用地的平衡。

2. 严格控制高耗能、高污染和高耗水项目的审批，逐步改造、淘汰生产能力落后的企业，积极发展节水型产业。研究制定《京津冀产业结构调整指导目录》《京津冀外商投资产业指导目录》，通过实施大型项目建设水资源评价、能源评价、环境评价“三评”制度，提高新建项目的准入门槛。制定政策鼓励、引导、推动低耗能、低污染的高技术产业、现代服务业的快速发展，促进京津冀地区的产业调整和升级。合理布局高耗水产业和促进节水并举。根据区域内水资源禀赋差异，严格控制、合理布局高耗水产业，逐渐控制、减少或调整发电、石油、钢铁、纺织、造纸、化工、食品等高耗水产业在区域内的布局，适度将这类产业向区域内水资源相对富裕地区转移集中并积极推进产业入园。重点从农业、工业、城市居民生活、非常规水源利用四方面促进节水：通过调整农作物结构，严格控制高耗水作物的种植面积，进行大中小型灌区、井灌区节水改造、田间节水改造，林果和养殖业节水，发展雨养农业和探讨建立轮作和休耕制度等一系列措施手段促进农业节水；通过抓好发电、石油石化、钢铁、纺织、造纸、化工、食品七个高用水行业的节水工作，重视循环生产，促进工业节水；通过制定差别水价、实行定额管理、推广节水器具、降低供水管网漏损、加大宣传等手段，综合采取经济、行政、法律等措施，促进节水型社会建设；通过开发利用海水与苦咸水利用、再生水利用、矿井水利用、雨洪水利用等技术手段促进非常规水源开发利用。

积极推行节能降耗减排审计制度。积极推行用水审计、清洁生产审计制度。参照美国等发达国家的经验，在京津冀地区主要缺水城市推广用水审计。对京津冀地区重要的大型高耗能、高污染企业推行清洁生产审计制度，尤其对于新建和在建的大型重化工企业强制要求实行清洁生产审计。

3. 京津冀三地的大气环境治理工作是一个具有整体性、协助性、互动性、互补性等特点的活动，不可能依靠一方就可以解决环境治理问题。然而三地的协同通过自发进行具有较高的成本，这需要建立跨地区的联防联治的环境治理机构，并通过顶层设计，利用行政手段自上而下实施。在具体实施过程中，首先，需要出台三地政府合作法律法规，填补跨地区的环境治理法律空白。其次，采用“绿色 GDP”的指标对京津冀三地的相关部门进行考核，以此规范和约束三地出现违背环境治理理念的自我选择行为。再次，建立一定的生态补偿机制约束三地居民在环境治理中的不当行为，完善信息共享机制，实时实现信息沟通，进而密切京津冀三地政府的合作关系。最后，扩大环境治理主体范围，积极引导民间环保组织和公民参与到大气治理中来，实现多元主体参与。

此外，环境污染与产业结构有很大的关系。第二产业，尤其是钢铁、石油、煤炭等行业对环境污染极大，适度调整产业结构，减少污染严重的工厂，使相应的资本转移到高新技术产业和服务行业，实现环境的优化治理，并促进产业的可持续发展。这种产业结构转化可以有效地淘汰过剩产能，提高资源的利用效率，也可以提高就业率，减轻城市的承载压力。

为了有效地治理京津冀三地的大气污染，要加大环保的投入资金。政府可以建立大气污染防治专项资金，并通过资源开发和环境利用项目开展政府与社会资本的合作，鼓励民间资本投资开发环保技术，通过税收等手段提高企业环境污染成本，并通过行政转移手段鼓励、支持环保企业发展。

参考文献

安方乾、王倩、梅再美：《贵州省土地资源承载力多尺度时空差异研究》，《安徽农业科学》2018年第5期。

鲍超、贺东梅：《京津冀城市群水资源开发利用的时空特征与政策启示》，《地理科学进展》2017年第1期。

陈传美、郑垂勇、马彩霞：《郑州市土地承载力系统动力学研究》，《河海大学学报》（自然科学版）1999年第1期。

陈端吕、董明辉、彭保发：《生态承载力研究综述》，《武陵学刊》2005年第5期。

陈芳淼、田亦陈、袁超等：《基于供给生态服务价值的云南土地资源承载力评估方法研究》，《中国生态农业学报》2015年第12期。

程国栋：《承载力概念的演变及西北水资源承载力的应用框架》，《冰川冻土》2002年第4期。

崔凤军、刘家明：《旅游环境承载力理论及其实践意义》，《地理科学进展》1998年第1期。

崔凤军、杨永慎：《泰山旅游环境承载力及其时空分异特征与利用强度研究》，《地理研究》1997年第4期。

戴科伟、钱谊、张益民等：《基于生态足迹的自然保护区生态承载力评估——以鹞落坪国家级自然保护区为例》，《华中师范大学学报》（自然科学版）2006年第3期。

狄乾斌、韩雨汐、高群：《基于改进的AD－AS模型的中国海洋生态综合承载力评估》，《资源与产业》2015年第1期。

樊杰、王亚飞、汤青等：《全国资源环境承载能力监测预警（2014版）学术思路与总体技术流程》，《地理科学》2015年第1期。

范媛媛、林苗、王高强等：《湖北省土地资源生态承载力评价》，《安徽农业科学》2018年第4期。

方广玲、香宝、迟文峰等：《西南山区旅游生态承载力研究》，《生态经济》2018年第2期。

冯海燕、张昕、李光永等：《北京市水资源承载力系统动力学模拟》，《中国农业大学学报》2006年第6期。

高吉喜：《可持续发展理论探索：生态承载力理论、方法与应用》，中国环境科学出版社，2001。

高媛：《京津冀城市群社会环境承载力预测研究——基于可能－满意度分析法》，《经济研究导刊》2016年第22期。

郭轲、王立群：《京津冀地区资源环境承载力动态变化及其驱动因子》，《应用生态学报》2015年第12期。

胡晓芬、陈兴鹏、韩杰等：《基于能值分析的汉藏回民族地区环境承载力评价》，《兰州大学学报》（自然科学版）2017年第2期。

黄剑彬、戴文远、黄华富等：《基于景观指数和生态足迹的平潭岛生态承载力研究》，《福建师范大学学报》（自然科学版）2017年第1期。

姜忠军：《GM（1，1）模型及其残差修正技术在土地承载力研究中的应用》，《系统工程理论与实践》1995年第5期。

焦露、杨睿、郭琳：《国家级新区资源环境承载力评估研究》，《四川理工学院学报》（社会科学版）2017年第5期。

焦雯珺、闵庆文、李文华等：《基于ESEF的水生态承载力评估——以太湖流域湖州市为例》，《长江流域资源与环境》2016年第1期。

焦雯珺、闵庆文、李文华等：《基于生态系统服务的生态足迹模型构建与应用》，《资源科学》2014年第11期。

焦雯珺、闵庆文、李文华：《基于ESEF的水生态承载力：理论、模型与应用》，《应用生态学报》2015年第4期。

科恩、陈卫：《地球能养活多少人?》，《人口研究》1998年第5期。

李丰生：《生态旅游环境承载力研究——以漓江风景名胜区为例》，博士学位论文，中南林学院，2005。

李强、刘剑锋、李小波等：《京津冀土地承载力空间分异特征及协同提升机制研究》，《地理与地理信息科学》2016年第1期。

林彤、廖福霖、罗栋燊：《福建省水生态足迹时空分异》，《亚热带资源与环境学报》2014年第3期。

刘康、霍军：《海岸带承载力影响因素与评估指标体系初探》，《中国海洋大学学报》（社会科学版）2008年第4期。

刘蕾、周策、张永芳：《京津冀协同发展视阈下土地综合承载力地区分异研究》，《广西社会科学》2016年第5期。

刘淑窕、胡求光：《基于改进的AD－AS模型评估浙江海洋生态承载力状况》，《上海环境科学》2017年第6期。

刘子刚、郑瑜：《基于生态足迹法的区域水生态承载力研究——以浙江省湖州市为例》，《资源科学》2011年第6期。

卢学英、蒋宁、白文周：《旅游环境承载力研究——以九华山风景区为例》，《旅游纵览》（下半月）2017年第11期。

吕贻峰、李江风：《阳新县矿产资源现状优势评价及资源承载力分析》，《长江流域资源与环境》1999年第4期。

罗琼、王坤岩：《京津冀协同发展下的生态环境承载力研究》，《天津经济》2014年第11期。

马涵玉、黄川友、殷彤等：《系统动力学模型在成都市水生态承载力评估方面的应用》,《南水北调与水利科技》2017 年第 4 期。

潘网生、胡向红、李军等:《基于生态足迹的荔波县旅游生态环境承载力研究》,《绿色科技》2018 年第 2 期。

彭文英、刘念北:《首都圈人口空间分布优化策略——基于土地资源承载力估测》,《地理科学》2015 年第 5 期。

彭文英、刘念北、张丽亚:《中国首都圈土地资源综合承载力及空间优化格局》,《首都经济贸易大学学报》2014 年第 1 期。

蒲鹏、傅瓦利:《基于生态足迹法的开县土地承载力研究》,《西安师范大学学报》2011 年第 2 期。

蒲仕刁:《绵阳市生态足迹计算与分析》,硕士学位论文,西南交通大学,2005。

漆良华、张旭东、周金星等:《马尾松飞播林生物量与生产力的变化规律与结构特征》,《林业科学研究》2007 年第 3 期。

任佳静:《基于生态足迹模型的内蒙古自治区可持续发展定量分析》,硕士学位论文,内蒙古大学,2012。

荣绍辉:《基于 SD 仿真模型的区域水资源承载力研究》,硕士学位论文,华中科技大学,2009。

石月珍、赵洪杰:《生态承载力定量评价方法的研究进展》,《人民黄河》2005 年第 3 期。

苏盼盼、叶属峰、过仲阳等:《基于 AD - AS 模型的海岸带生态系统综合承载力评估——以舟山海岸带为例》,《生态学报》2014 年第 3 期。

孙道玮、俞穆清、田卫等:《生态旅游环境承载力研究——以净月潭国家森林公园为例》,《东北师范大学学报》(自然科学版)2002 年第 1 期。

孙金梅、林建:《生态旅游环境承载力评价研究》,《科技与管理》2012 年第 6 期。

孙强：《京津冀区域中心城市资源环境承载力评价研究》，硕士学位论文，河北大学，2017。

孙新新、沈冰、于俊丽等：《宝鸡市水资源承载力系统动力学仿真模型研究》，《西安建筑科技大学学报》（自然科学版）2007 年第 1 期。

孙学颖、唐德善：《广西水资源生态足迹时空分析》，《南水北调与水利科技》2015 年第 1 期。

孙钰、李新刚、姚晓东：《基于 TOPSIS 模型的京津冀城市群土地综合承载力评价》，《现代财经－天津财经大学学报》2012 年第 11 期。

王丹、陈爽：《城市承载力分区方法研究》，《地理科学进展》2011 年第 5 期。

王家骥、姚小红、李京荣等：《黑河流域生态承载力估测》，《环境科学研究》2000 年第 2 期。

王俭、张朝星、于英谭、李法云、马放：《城市水资源生态足迹核算模型及应用——以沈阳市为例》，《应用生态学报》2012 年第 8 期。

王开运：《生态承载力复合模型系统与应用》，科学出版社，2007。

王坤岩、臧学英：《京津冀地区生态承载力可持续发展研究》，《理论学刊》2014 年第 1 期。

王宁、刘平、黄锡欢：《生态承载力研究进展》，《中国农学通报》2004 年第 6 期。

王琦、易桂花、张廷斌等：《基于生态足迹模型的四川省耕地资源评价》，《长江流域资源与环境》2018 年第 1 期。

王书华、毛汉英：《土地综合承载力指标体系设计及评价——中国东部沿海地区案例研究》，《自然资源学报》2001 年第 3 期。

王卫军、周孝德、周彬翀等：《河流水生态承载力系统动力学模型软件开发》，《中国水利水电科学研究院学报》2011 年第 2 期。

王旭光、高玉慧、王英华等：《黑龙江省土地承载力与农业可持续发展》，《国土与自然资源研究》2001年第2期。

魏超、叶属峰、过仲阳等：《海岸带区域综合承载力评估指标体系的构建与应用——以南通市为例》，《生态学报》2013年第18期。

吴超、胡小东：《基于能值理论的重庆市生态承载力现状研究》，《西南大学学报》（自然科学版）2010年第4期。

吴彤：《基于GIS和遥感的崇明岛土地资源承载力研究》，硕士学位论文，华东师范大学，2007。

徐卫华、杨琰瑛、张路等：《区域生态承载力预警评估方法及案例研究》，《地理科学进展》2017年第3期。

徐中民、张志强、程国栋：《甘肃省1998年生态足迹计算与分析》，《地理学报》2000年第5期。

闫云平、余卓渊、富佳鑫等：《西藏景区旅游承载力评估与生态安全预警系统研究》，《重庆大学学报》（自然科学版）2012年第S1期。

颜利、王金坑、黄浩：《基于PSR框架模型的东溪流域生态系统健康评价》，《资源科学》2008年第1期。

杨巧宁、孙希华、张婧等：《济南市水资源承载力系统动力学模拟研究》，《水利经济》2010年第2期。

杨贤智：《环境管理学》，高等教育出版社，1990。

杨艳、牛建明、张庆等：《基于生态足迹的半干旱草原区生态承载力与可持续发展研究——以内蒙古锡林郭勒盟为例》，《生态学报》2011年第17期。

杨志峰、隋欣：《基于生态系统健康的生态承载力评价》，《环境科学学报》2005年第5期。

姚治君、王建华、江东等：《区域水资源承载力的研究进展及其理论探析》，《水科学进展》2002年第1期。

余敬、姚书振：《矿产资源可持续力及其系统构建》，《地球科学——中国地质大学学报》2002 年第 1 期。

张富刚、王业侨、张潆文等:《“生态省”目标导向下城乡系统生态承载力评估——以海南省为例》,《中国生态农业学报》2010 年第 1 期。

张继民、刘霜、尹韦翰等:《黄河口区域综合承载力评估指标体系初步构建及应用》,《海洋通报》2012 年第 5 期。

张梦瑶、沙景华、钟帅:《京津冀地区不同水资源配置方式的影响比较——基于社会核算矩阵》,《资源与产业》2016 年第 4 期。

张衍广:《山东省水土资源承载力的多尺度分析和统计 - 动力预测》,硕士学位论文,南京师范大学,2008。

赵昕、孙瑞杰:《基于因子分析的海洋灾害损失评价》,《中国渔业经济》2009 年第 5 期。

周炳中、杨浩、包浩生等:《PSR 模型及在土地可持续利用评价中的应用》,《自然资源学报》2002 年第 5 期。

Allen William, *Studies in African Land Usage in Northern Rhodesia*, *Rhodes Livingstone Papers and No. 15*, Cape Town: Oxford University Press, 1949.

Evaluating the Use of Natural Capital with the Ecological Footprint: Applications in Sweden and Subregions, Wackernagel, M., Lewnan, L., Hansson, C. B., 1999.

Feng, L. H., Zhang, X. C., Luo, G. Y., “Application of system dynamics in analyzing the carrying capacity of water resources in Yiwu City, China,” *Mathematics & Computers in Simulation* 3 (2008).

Hudak, A. T., “Rangeland Mismanagement in South Africa: Failure to Apply Ecological Knowledge,” *Human Ecology* 1 (1999).

Min, Q., Jiao, W., Cheng, S., “Pollution Footprint: A Type of Ecological Footprint Based on Ecosystem Services,” *Resources Science* 2

(2011).

Page, L. A., "Haemophihs infections in chicken. IV. Results of laboratory and field trials of formalinied Bacterings for the prevenfion of diseuse caused by Haemophilus gallinarum," *Avian Disease* 3 (1963).

Park, R. E., Burgess, E. W., *Introduction to the science of sociology*, Chicago: University of Chicago Press, 1970.

Smaal, A. C., Prins, T. C., Dankers, N., et al., "Minimum requirements for modelling bivalve carrying capacity," *Aquatic Ecology* 4 (1997).

图书在版编目(CIP)数据

京津冀生态承载力研究 / 林巍，李孟刚著. -- 北京：社会科学文献出版社，2019.5

（北京交通大学哲学社会科学研究基地系列丛书）

ISBN 978-7-5201-4815-3

Ⅰ. ①京… Ⅱ. ①林… ②李… Ⅲ. ①区域生态环境-环境承载力-研究-华北地区 Ⅳ. ①X321.22

中国版本图书馆 CIP 数据核字(2019)第 089002 号

北京交通大学哲学社会科学研究基地系列丛书
京津冀生态承载力研究

著　　者 / 林　巍　李孟刚

出 版 人 / 谢寿光
组稿编辑 / 周　丽　王楠楠
责任编辑 / 王楠楠
文稿编辑 / 谢　拢

出　　版 / 社会科学文献出版社 · 经济与管理分社(010)59367226
地址：北京市北三环中路甲 29 号院华龙大厦　邮编：100029
网址：www.ssap.com.cn
发　　行 / 市场营销中心（010）59367081　59367083
印　　装 / 三河市龙林印务有限公司

规　　格 / 开　本：787mm × 1092mm　1/16
印　张：8.5　字　数：124 千字
版　　次 / 2019 年 5 月第 1 版　2019 年 5 月第 1 次印刷
书　　号 / ISBN 978-7-5201-4815-3
定　　价 / 128.00 元

本书如有印装质量问题，请与读者服务中心（010-59367028）联系